U0221956

让你大吃一惊的科学

啃铅笔头会铅中毒吗

136 个人们普遍忽略的问题

【英】约翰·劳埃德(John Llyord)　【英】约翰·米钦森(John Mitchinson) ◆著

陈杰　周云　夏浙新　许俊宇 ◆译

上海科技教育出版社

图书在版编目(CIP)数据

啃铅笔头会铅中毒吗:136个人们普遍忽略的问题/
(英)劳埃德(Llyord, J.),米钦森(Mitchinson, J.)著;陈
杰等译. —上海:上海科技教育出版社,2013.8
(2022.6重印)

(让你大吃一惊的科学)
ISBN 978-7-5428-5697-5

Ⅰ.①啃⋯　Ⅱ.①劳⋯②陈⋯　Ⅲ.①自然科学—
普及读物　Ⅳ.①N49

中国版本图书馆CIP数据核字(2013)第108085号

我们连任何事物的百万分之一
都不知道

——托马斯·爱迪生(Thomas Edison)

目录

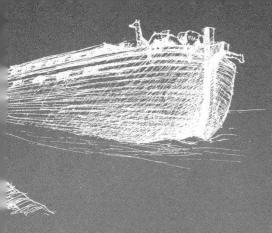

序

　　人们老是"抱怨"我知道的太多,他们常常带着责难的口气说,"斯蒂芬,你知道的太多了"。这种情形有点像对一个只有一小堆沙粒的人说,你拥有的沙粒太多啦。想想吧,这世上的"沙粒"如此之多,而对一个人来说,他却一颗"沙粒"也没有。我们都匮乏"沙粒",我们很无知。我们从未意识到这些知识沙滩、沙漠的存在,更别说造访它们了。

　　总有那么一些人, 自认为理解了大家已经耳熟能详的知识,同时也知道大家正在探寻的真理。他们告诉我们,"所有的解释都在这本书里——你不需要再知道其他的了"。几千年来,我们一直忍受着这种无知的言论,他们还大言不惭地说,"等会,这个可能是我们没有意识到的,让我再想想……"我们现在需要做的就是给他们灌口毒药,让他们永远闭上双眼。

　　如今的我们自认为无所不知,这种荒诞的想法比身处黑暗的宗教时代的想法还要危险(假如黑暗的宗教时代确实已经远去)。现在的我们只要点击鼠标,就能知晓人类的所有知识,这当然棒极了,但是,这暗藏了陷入另一种宗教的危险。我们真正需要的,不是知识的宝库,而是无知的宝库;不是被灌输答案,而是受启迪提问;不是对冠冕堂皇事实的反复琢磨, 而是给那阴冷潮湿的未知角落送以光明。就在此时,你手中的这本书,正是那束帮助你照亮探寻无知旅途的火把。

请用心阅读这本书,一本小书,而探寻未知的力量却是无穷的。

——斯蒂芬·弗里(Stephen Fry)

前言

　　12 年前,英国广播公司二台(BBC2)旗下的"真有趣"(Quite Interesting,QI) 栏目成立了一家新公司, 与此同时, 其相关网站(qi.com)与您手中的这本书也逐渐成形。

　　那时候的世界和现在的大不相同。互联网还处于繁荣的初期,纽约双子塔仍旧矗立着,英美部队还没有士兵参加阿富汗和伊拉克战争,英格兰银行等金融机构正在稳定发展。

　　但是 12 年来,有一个方面并没有发生太大改变,那些文化企业的阔佬们,似乎认为我们都有些不近人情。电视、杂志和报纸这些呈现井喷态势的媒体不再能够引起大众实质性的兴趣,结果是这些文化企业纷纷因失去市场而破产。人类的舞台不再是名流精英们的独角戏了。

　　QI 栏目的宗旨就是任何话题只要仔细观察、长时间推敲、从正确的角度看待都是有趣的。伴随这个宗旨的一个想法就是,如果一个事物的解释不能让一个 12 岁的聪明孩子明白,那么,要么这个解释是错误的,要么这个解释不够完满。我们的观点是,收看 QI 节目的观众和节目的制作者一样聪明,即使他们的知识量远没有达到浩瀚如海。我们大家(主持人、制作团队、猜谜参加者、播音室观众)的信念是尽可能地让节目有趣,摒除枯燥无趣的内容。

　　这些简单理论的结果就是, 自从 BBC2 开播这个栏目以来,QI 的收视率就一路飙升,连续打败了众多宣传得更好的、被认为是流行前沿的节目。而且与别的节目相比,它在年轻人中的收视率更高。它是到目前为止 BBC4 台(自从这个台开播以来)最受欢迎的节目,在推出"戴夫"这个商业包装后,更是长居收视率冠军的宝座。2009年,QI 被转让给 BBC1 台。我们不情愿地宣布,弗赖伊将再也不会穿着紧身连衣裤出现在电视台现场了。

这个版本包含了 50 个新加入的问题以及由天才的宾戈(Bingo)创作的新插图,从电视节目中原版摘录的场景,目的是让新读者体会未加工的 QI 信息是怎样熔炼成诙谐幽默的小品短文的。

我们希望与你分享我们探讨和创作这本书时得到的快乐。其实您并未孤单。本书的最早版本已经被翻译成 29 种语言——不仅有法语、德语、西班牙语、汉语,还有越南语、土耳其语、柬埔寨语、塞尔维亚语和芬兰语。它一度被《纽约时报》(*The New York Times*)评为最畅销书,而且自 1995 年在网络电子商务公司——亚马逊上架销售以来,稳居书籍销售榜的第 4 名(紧随《哈利·波特》(*Harry Porter*)系列图书和《男孩子冒险书》(*The Dangerous Book for Boys*)之后)。2006 年 12 月,事实上,在亚马逊上,它已经是当时的最畅销图书了,勉强击败了当时还是联邦参议员的奥巴马写的《无畏的希望》(*The Audacity of Hope*)一书。

我们真诚地相信这本书对您会有所裨益。

扑朔迷离的历史迷团

伯克和黑尔犯了什么罪①

他们的罪名是谋杀。

19世纪初,解剖学的学生人数激增。英国的法律规定,只有解剖刚被处死的罪犯尸体才是合法的。与公元前3世纪亚历山大城的解剖课相比,这是个巨大的进步,那里罪犯还在活着的时候就被解剖了。

可是,死刑犯数量无法满足解剖的需要,因此,盗墓之风开始盛行。这些盗墓者被称为"掘墓盗尸人"。

伯克(Burke)和黑尔(Hare)更加极端。他们杀人后把尸体卖给了一个叫诺克斯(Knox)的解剖学家,后者承诺不询问他们任何问题。他们总共杀害了16人。

在有谋杀嫌疑后,伯克和他的妻子海伦(Helen)试图在警察分别聆讯前串供。他们承认,一个迷路的女人在7点离开了他们的家。不巧的是,伯克夫人说的是晚上7点,而伯克则说是早晨7点。

为了获得赦免,黑尔告发了伯克夫妇。伯克在1892年被处死,海伦因证据不足而免于起诉,之后她迅速消失了。黑尔夫妇也失踪了,诺克斯则逃过了诉讼。

现代解剖学之父是16世纪比利时解剖学家维萨里 (Andreas Vesalius),他在其出版的7卷本经典著作《人体的结构》(On the Fabric of the Human Body)中展现了他的成果。

那时,天主教会禁止解剖,维萨里的工作不得不秘密进行。为防不速之客闯入,在帕多瓦大学,他设计了一个特别的手术台,台子可以迅速地翻

---

① 两个潦倒的爱尔兰移民,诓诱爱丁堡西南街面上的外来贫困难民(多为女性),勒至窒息,继而将新鲜尸体出售给医学院解剖室,以此谋利。——译者

动,把尸体倒入桌底,露出一条正被解剖的狗。

近20年来,由于课程过度压缩,师资缺乏和在高科技的时代解剖学不过是过时的雕虫小技观念的盛行,解剖学在医学院中已经失宠。

现在,一个有执照的医生很可能根本就没有解剖过一具人体。为了节省时间和保持清洁,学生们上"解剖学"课程时,尸体已经被专业地解剖好,或者课程使用计算机模拟,从而根本不需要尸体。

比利小子真名叫什么

a）威廉·H·邦尼（William H. Bonney）

b）基德·安特里姆（Kid Antrim）

c）亨利·麦卡蒂（Henry McCarty）

d）布鲁斯·比尔·罗伯茨（Brushy Bill Roberts）

比利小子出生在纽约，他原名叫亨利·麦卡蒂。威廉·H·邦尼只是他的别名之一，他被判处死刑时，使用的正是这个名字。

比利小子的妈妈凯瑟琳是个寡妇，出生在纽约，后来，她带着比利小子和他的弟弟乔搬到了堪萨斯州的维吉塔，那里是一个牲畜交易中心，十分荒凉。当时的报纸报道说："在维吉塔，手枪像黑莓一样地抢手。"

到了 1870 年 11 月，这个小镇上有 175 幢房屋近 800 人。麦卡蒂（McCarty）夫人在镇上非常有名，她在北大街经营着一家洗衣店。后来，比利的妈妈嫁给了农场主安特里姆（William Antrim）后，这家人又迁移到了新墨西哥州的圣达菲。

那是位于新墨西哥州的一片沙漠，在那里，比利开始偷牲口，并给自己起了个像枪手一样的名字。1879 年，尽管他涉嫌杀害 17 条人命，新墨西哥州州长华莱士（Lew Wallace）还是特赦了比利小子。华莱士的名字很好记，因为他是 19 世纪美国最畅销小说《宾虚》（Ben Hur）的作者。

比利投案自首后又再次成功地策划了越狱。从此他一直被警察追捕，直到 1881 年被加内特（Pat Garrett）杀死。死前，他给华莱士写了很多封信请求特赦，然而这些信件一直都没有获得答复。

尽管有正式的死亡证明，民间仍有许多传闻，说比利小子依然活着。1903 年，新墨西哥州州长、华莱士的继任者重新审核这个案件，希望确定比

利是否真的已经死亡和是否值得特赦。这个调查一直没有结论。

1950 年,野牛比尔的"野性西部演出秀"成员,罗伯茨(Brushy Bill Roberts)死时宣称他实际上就是比利小子。

比利小子据说是被搬上银幕次数最多的真实人物,至少有 46 部电影以他的生平为题材。

在他生命的最后几年,麦卡蒂、安特里姆、邦尼,都没有"比利小子"出名。从他出名后,人们就简称他为"小子"。

莫扎特的中间名是什么

沃尔夫冈。

莫扎特的全名是约翰·克利索斯托穆斯·沃尔夫冈·特奥菲卢斯·莫扎特(Johann Chrysostomus Wolfgangus Theophilus Mozart)。他自己常用沃尔夫冈·阿玛多(Wolfgang Amade)(不是阿玛迪斯)或沃尔夫冈·戈特利布(Wolfgang Gottlieb)。阿玛迪斯是戈特利布的拉丁文,意思为"上帝所钟爱的人"。

其他拥有中间名的著名人物还有理查德·蒂芬妮·基尔(Richard Tiffany Gere)、鲁珀特·乔利·布鲁克(Rupert Chawney Brooke)、威廉·卡斯伯特·福克纳(William Cuthbert Faulkner)和哈里·S. 杜鲁门(Harry S. Truman),尽管后面有个句点,这个S并不代表任何意义。

显然,杜鲁门的父母并非有意识地根据安德森·希普·杜鲁门(Anderson Shipp Truman)或他祖父的名字所罗门·扬(Solomon Young)给他起名为S.。

对于标点符号,《芝加哥时尚手册》(*The Chicago Manual of Style*)这样表述:"为了方便和连贯,所有名字中的词首大写字母后都有个句点,即使它不是名字的缩写。"

马克·吐温的名字是怎么来的

马克·吐温(Mark Twain)盗用了这个名字。

通常的解释是，马克·吐温这个名字是从密西西比河中一艘明轮船上的测深手的喊话中得来的。"马克·吐温"是测深索上的第二道标记,用来测算河水的深度。它代表着 12 英寸①的深度,属于"安全地带"。

这种说法并没有错,只是有另外一个人先用了这个名字。"马克·吐温"这个名字当时已被塞勒斯船长(Isaiah Sellers)使用了,他是一个写一些关于河上见闻的记者。

年轻的克莱门斯(Samuel Longhorn Clemens)开始以"范特蒙中士(Sergeant Fathom)"这个笔名故意模仿塞勒斯的笔调写了几篇文章。据克莱门斯说,塞勒斯"没有引领文学转向,也没有什么文学能力",但是他"无论在岸上还是陆地上,都是一个好人,一个高尚的人,一个备受人们尊重的人"。"范特蒙中士"的讽刺作品使塞勒斯觉得受到了侮辱,克莱门斯后来写道:"他从来没有被人嘲讽过。他是一个很敏感的人,我愚蠢的恶作剧给他的自尊造成了伤害,他一直都没有从这个伤害中恢复过来。"

但是这并没有妨碍他盗用这个笔名,马克·吐温在一封致读者的信中解释道:

亲爱的先生,

"马克·吐温"是一个船长的笔名。塞勒斯曾经使用这个笔名为《新奥尔良小报》(New Orleans Picayune)写关于河上的见闻。他死于 1863 年,由于他不能再使用这个笔名了,因此我没有经过所有人的同意便用了这个笔名。这就是我使用这个笔名的经过。

你真诚的,

克莱门斯

---

① 1英寸相当于0.0254米。——译者

"适者生存"这句话是谁最先说的

是斯宾塞(Herbert Spencer)说的。

斯宾塞是工程师、哲学家和心理学家。当年和达尔文齐名。

斯宾塞受达尔文"自然选择"理论的启发,在他的《生物学原理》(*Principles of Biology*)一书中首次创造了"适者生存"这个词。

达尔文在1869年《物种起源》(*The Origin of Species*)的第5版中称赞他使用的"适者生存"这个词。他在书中评论到:"我称这个原则为自然选择,是为了表明它与人类选择力量之间的联系,根据这个原则,每个有用的微小变化都会被保留下来。但是斯宾塞先生经常用的'适者生存'更为精确,使用起来也更方便。"

斯宾塞是家里9个孩子中最大的,他的弟弟妹妹都在襁褓中夭折。尽管学的是土木工程,但他还是成为了一位哲学家、心理学家、社会学家、经济学家和发明家。斯宾塞一生中卖出了100多万本书,并且是第一个将进化论应用于心理学、哲学和社会学的人。

他还发明了回形针。这个装置被称为斯宾塞装订针,由一个名叫阿克曼(Ackermann)的制造商用一个改装的钩眼纽扣机生产出来,这个制造商的办公室位于伦敦的泰晤士河畔。

回形针在第一年销售得很好,斯宾塞赚了70英镑,但是很快需求骤减。阿克曼饮弹自杀,而回形针这个发明到1899年便完全消失了。因为这一年,挪威工程师瓦勒(Johann Vaaler)在德国申请了现代回形针的专利。

在第二次世界大战期间,回形针是挪威抵制德国占领的情感象征,人们将回形针佩戴在上衣的翻领上,代替被禁止佩戴的流亡国王哈康七世(Haakon Ⅶ)的徽章。之后,人们在挪威首都奥斯陆建造了一个巨大的回形

针以纪念瓦勒。

现在,每年回形针的销售量超过了 110 亿只,但是最近的一次调查表明,在销售的每 100 000 枚回形针中,实际上只有 5 枚被用于夹纸。大部分回形针被改用为拨弄洞孔的杆儿、烟斗通道、安全别针以及牙签。剩下的都被扔掉或弃置不用,还有的在人们打乏味或尴尬的电话中被扭得变了形。

耶稣是在马厩中出生的吗

不是。

《圣经·新约》中从没有这样说过。耶稣在马厩中诞生的说法只是一种臆断，仅仅因为《圣经·新约·圣路加福音》中提到耶稣"曾在马槽中睡觉"。

在《圣经》中也没有权威地提到过耶稣诞生时有动物存在。当然我们对在教堂和学校放置着婴儿床的画面十分熟悉，但它是在耶稣诞生 1000 年后才发明出来的。

圣方济各(St Francis)①受到信任，在 1223 年格莱克西欧山上的洞穴中制作了第一张围栏婴儿床，他在一块平整的大石头上(现在还能看到)铺上了一些干草，把婴儿放在了上面，并且在洞穴中添加了公牛和驴的雕塑(没有约瑟夫、玛利亚、智者、羊倌、天使或者龙虾)。

瑞奇：在美国，圣诞节的时候，每条广告里都会加上一句，这是耶稣用过的。

---

① 圣方济各(1181？—1226)意大利修道士，方济各会的创始者。——译者

《圣经》中到底有几诫

13 诫、19 诫或者 613 诫。

仔细阅读"十诫"（在《圣经》中出现过两次，分别在《圣经·出埃及记》第 20 节和《圣经·申命记》第 5 节）就会发现，实际上的内容要多于 10 条。以下为对《圣经·出埃及记》的统计：

1. 我以外，不可敬拜别的神明。

2. 不可为自己造任何偶像，也不可仿造天上、地下或地底下、水中的任何形象。

3. 不可向任何偶像跪拜，也不可侍奉他。

4. 不可滥用我的名。

5. 当谨守安息日为圣日。

6. 你有六天可以工作。

7. 第七日是归我的安息日。

8. 当孝敬父母。

9. 不可杀人。

10. 不可奸淫。

11. 不可偷盗。

12. 不可作假证陷害人。

13. 不可觊觎邻人的房屋。

在不可觊觎邻人的房屋那条里还附加了 6 项不可觊觎，包括牛、驴、婢侍等。可解释为拥有自己权利的单独诫命。

但不就是到此为止，除了以上必要的 19 条，这个诫言清单还另有 3 页，内容包括："若一头牛踢到了人而使人致死，这头牛必被石块砸死"，"你不必遭受一种生活”，“汝一年需向神供奉三次盛宴”，“不可压榨陌生人”，“与兽同行者必将下地狱”等。

　　《圣经》的前5卷叫做《摩西五书》，犹太教中称之为《托拉》。其中第三卷《利未记》有27节。在此上帝大刀阔斧地对每一个可以想到的领域发出诫令：禁止食用骆驼、野兔、鹰、雕、杜鹃、天鹅、黄鼠狼、乌龟和蝙蝠等动物，判处同性恋者、巫师和通奸者死罪。他命令：“不可让你的女儿做娼妓”，“不可骑马”，“不可使父母女儿的下体暴露”，“也不可损毁面包的边角”。根据正统犹太教的规定，《圣经》里有613条戒律，分为248项“可做”和365项“不可做”。如果那样还不够，万一他漏提了哪个，那么最后的戒律应遵循《圣经·申命记》的18:13中所说：“你要在神的面前做完全人。”

诺亚方舟中有几只绵羊

7只，或者14只。

钦定版《圣经·创世记》[1]7：2中提到，上帝对诺亚说："凡洁净的畜类，你要带上7只，不洁净的畜类你要带上2只。"

"不洁净"的畜类指的是犹太人禁止吃的动物，包括猪、骆驼、獾、变色龙、鳗鱼、蜗牛、鼬、蜥蜴、鹬、秃鹫、天鹅、猫头鹰、鹈鹕、鹳鸟、鹭鸟、麦鸡、蝙蝠、乌鸦、杜鹃以及老鹰。

"洁净"（食用）的动物包括了绵羊、牛、山羊、羚羊甚至蝗虫。

所以在诺亚方舟上至少有7只绵羊，不是人们在主日学校[2]听到的2只。但是这段话说得比较含糊：到底是带上7公和7母，还是一共带7只？如果说每种动物带7只的话将会带来一场灾难——公羊们会发生冲突。比较更实际的解决办法就是带1只公羊和6只母羊。

但是，在1609年出版的杜埃版的《圣经》——通俗拉丁语的英译本里表达得非常明确："凡洁净的畜类，你要带七公七母。"所以诺亚方舟里就应该有14只绵羊。

中世纪的犹太教教士花了大量的时间来辩论鱼类在大洪水中是被留了下来自生自灭还是被诺亚带上了方舟。16世纪中叶，布特尔（Johannes Buteo）统计出诺亚方舟中的可用空间有350 000立方肘尺（古长度单位，1肘尺约45厘米），其中的140 000立方肘尺被用作贮藏干草。

但确实发生过洪水泛滥。世界各地的文化中有超过500个不同的关于洪水的传说。

---

① 指英国国王詹姆士一世钦定的1611年出版《圣经》英译本。——译者
② 指星期日对儿童进行宗教教育的学校，大多附于教堂。——译者

人类在冰河时代的末期开始进化。冰河时代末期,温度上升、冰层融化导致海平面升高。诺亚方舟的传说被人们认为是描述了波斯湾地区底格里斯河—幼发拉底河三角洲消失的情形。

骤然的土地短缺使得狩猎采集的方式不再可行,人类第一次被迫开始了农耕。

那些部落文化、习俗可以追溯到冰河时代的原住民,到现在还可以说出 8000 多年前冰山融化后沉没海底的山峰名称。

《圣经》里最高寿的人是谁

玛士撒拉(Methuselah)的父亲以诺,现在还活着。再过一周他就5387岁了。玛士撒拉也活到了将近969岁。

玛士撒拉是著名的最长寿的老人,但根据《圣经》记载,他没比自己的祖父多活多久,其祖父加尔德(Jared)也活到了962岁。大洪水前亚当的直系后裔及年岁是:亚当(Adam,930岁)、赛斯(Seth,912岁)、伊诺斯(Enos,905岁)、该隐(Cainan,910岁)、马哈拉尔(Mahalaleel,895岁)、加尔德(Jared,962岁)、以诺(Enoch,365岁未亡)、玛士撒拉(Methuselah,969岁)、雷姆奇(Lamech,777岁)、诺亚(Noah,950岁)。

虽然这些人的寿命都异乎寻常的长,但他们中没有一个得到了善终。唯一例外是神秘的以诺,神将他"带走"时他只有365岁,还算得上是一个年轻人。以诺从未经历过死亡:这是连耶稣都没有得到的优待。在《圣经·新约·希伯来书》中圣保罗就重申了以诺的不朽。

"以诺因着信仰,被接去,不至于见死;人也找不着他,因为神已经把他接去了。只是他被接去以先,已经得了神喜悦他的明证。"(希伯来书,11:5)

法国哲学家笛卡儿(Rene Descartes)①相信所有的人都有可能活到和这些《圣经》中的始祖人物一样长——1000年左右,1650年,在他54岁临终之际,他还确信自己已经靠近了这个秘密的边缘。

---

① 笛卡儿(1596—1650),哲学家、自然学家、解析几何学奠基人,提出"我思故我在"、灵肉二元论等。——译者

第一届现代奥林匹克运动会是在哪里举办的

1850 年，在英国什罗普郡的马奇·温洛克镇，举办了一年一次的运动会。它启发了顾拜旦(Coubertin)男爵举办了 1896 年的雅典奥运会，他曾说过：

"现代希腊无力复兴的奥林匹克竞赛，却出现在威尔士边境什罗普郡的小城里，这全靠布鲁克斯(W. P. Brookes)医生的努力，而不是希腊人。"

布鲁克斯相信体育锻炼能使人远离酒吧，成为更虔诚的基督教徒。古代奥林匹克的知识启发了他。1841 年，他到马奇·温洛克镇宣传体育运动。

第一届"布鲁克斯"奥林匹克运动会于 1850 年举行，项目有跑步、跳远、足球、掷圈环和板球运动，大会提供少量的现金奖励。后来，运动会逐渐增加了其他项目，如蒙眼推独轮车赛跑、赶猪赛跑和仿中世纪的平衡比赛。获胜者头戴桂冠、佩挂奖章，上面刻着希腊的胜利女神"奈基"的名字。

温洛克奥林匹克运动会声名远播，吸引了全英地区的运动员。大会通知了雅典，希腊国王乔治一世(George Ⅰ)还赠送了一枚银质奖章作为奖品。

1865 年，为了在国际范围内复兴这项古代运动会，布鲁克斯创办了全英奥林匹克联合会，并在伦敦的水晶宫举办了第一届运动会。由于没有赞助者，运动会遭到了当时顶尖运动员的冷落。

1888 年，布鲁克斯开始与顾拜旦通信。1890 年，顾拜旦亲自去观看了温洛克运动会，当时种植的橡树现在依然伫立在乡村中。顾拜旦回国后，决定重振这项古代运动会，于是，1894 年他创办了国际奥林匹克委员会。

利用自己的财富、声望和政治影响，顾拜旦实现了布鲁克斯未能达成的愿望。1896 年夏天，第一届国际奥林匹克运动会在雅典举办。

布鲁克斯医生死于雅典奥运会举办前一年，享年 86 岁。现在，为了纪念布鲁克斯，温洛克运动会依然每年举行。

英格兰的第一任国王是谁

艾塞斯坦国王(Aethelstan)是真正意义上的英国国王。他的祖父艾尔弗雷德大帝(Alfred the Great),虽然很喜欢称自己为"英国国王",但他只是韦塞克斯王国的国王。

当艾尔弗雷德继承王位时,英国由5个相对独立的王国组成。艾尔弗雷德在位期间,康沃尔成了他的统治区域,但麦西亚、诺森比亚和东英吉利亚归顺了入侵者维京人。

在萨默塞特平原隐居一段时间后(在那里,他并**没有**烤过面包),艾尔弗雷德打败了丹麦人,逐渐收复了他的王国。但是,在公元878年与战败者维京王古斯伦(Guthrum)签署的条约中,他选择了把伦敦到切斯特一线以东的一半领土送给敌人,这些地区称为"丹麦法区"。作为回报,古斯伦同意皈依基督教。

为了确保斯堪的纳维亚的侵略者今后无法轻易地入侵,艾尔弗雷德修建了一系列防御式城堡,以保障领土安全。

这些政策都奏效了。在他孙子的统治下,韦塞克斯王国控制了英国全境。艾塞斯坦在公元937年布鲁南堡战役中,打败了苏格兰、斯特拉思克莱德和都柏林的国王,建立了英国的盎格鲁撒克逊王国。

没有人能确定布鲁南堡在哪里,它可能就是临近设菲尔德的廷斯利·伍德。

最后一位仅统治英国地区的国王,是戈德温孙(Hardd Godwinson),他的继任者威廉二世(Harold Ⅱ William)已经是诺曼底公爵。在公元1558年最终放弃加来之前,英国王室实际统治着法国的部分领土。

卡伦顿战争的参战方是谁

本质上说,就是苏格兰对苏格兰。

卡伦顿战争的对阵双方,为英格兰军队和战败的由"美王子"查理(Charlie)率领的苏格兰军队,英格兰军队中的苏格兰人比他们在自己部队中的人数还多。

坎伯兰(Cumberland)将军领导的汉诺威王朝部队,拥有来自苏格兰低地的三支军队,一支来自苏格兰高地门罗氏族的训练有素的军队,一支高地坎贝尔氏族的军队,此外还有许多来自麦克莱、罗斯、冈恩和格兰特等氏族人,他们共同在英格兰军官的指挥下战斗。

詹姆斯党人的军队中,$\frac{3}{4}$ 是苏格兰高地人,其他是苏格兰低地人和少量的法国人和爱尔兰人。詹姆斯党人鼓吹战争是苏格兰对英格兰之间的事务,但是,在某种程度上,它就是苏格兰与苏格兰之间的冲突。

1745 年爆发的詹姆斯党人叛乱,开始时在爱丁堡附近的普雷斯顿佩战役中获得了胜利,之后它侵入了英格兰,攻占了德比。由于大部分英格兰军队还在佛兰德斯与法国作战,这使得伦敦城陷入了恐慌,甚至还制订出国王撤退到汉诺威的应急方案。

但是,詹姆斯党人在英格兰并没有获得更多的支持者,而且计划中的法国入侵推迟了。尽管默里(George Murray)勋爵已经英明地命令部队撤退,但是进入卡伦顿战场后,部队十分饥饿,几个星期的长时间行军使他们精疲力尽,他们的装备简单到只有 $\frac{1}{4}$ 的士兵有剑。

苏格兰军队仍在勇敢地作战,但是仅仅一个小时,就有 1250 名士兵战死。而汉诺威部队只损失了 52 名士兵。坎伯兰公爵——从那时起,苏格兰

人称之为"屠夫"——处死了战场上的所有俘虏和伤员，随后，他挥舞着带血的长剑骑马进入了因弗内斯。

叛乱之后，共有 3000 多名詹姆斯党人的支持者遭到逮捕，他们中的大多数人被关押进监狱或送往殖民地。随机挑选的 $\frac{1}{20}$ 的人被当众执行死刑。高地氏族的生活方式再也没有恢复，氏族体系遭到破坏，就连穿着高地氏族服饰也被视为非法行为。

现代的詹姆斯党人依然主张斯图尔特及其后代是英国王位的正统继承体系。他们宣称巴伐利亚的弗朗茨(Franz)公爵为弗朗西斯二世，是英格兰、苏格兰、法国和爱尔兰的国王。弗朗茨公爵对此保持缄默。

罗尼：所以这些民族英雄们不是来自他们以为的地方，威廉·华莱士来自肯尼亚，他的母亲是马赛人，不，这一定不是真的。

苏格兰入侵的最后一个国家是哪里

巴拿马。

1707 年,苏格兰签署了《联盟法案》,与英国和威尔士一起组成大不列颠国。而在这之前,苏格兰的最后一次行动是试图殖民占领达里恩的巴拿马地峡,这场行动注定没有好结果。

英格兰银行的创建者帕特森(William Paterson)制定了这个计划。他认为这是在中美洲建立贸易基地的机会,通过这一基地可以建立太平洋地区富人与西欧贸易国之间的联系。

英国迅速把自己排除在合作者之外。那时,英国正在与法国作战,他们不想再激怒西班牙人(西班牙拥有巴拿马的主权)。当英国政府听说这个计划后,他们禁止英国人参加殖民行动。行动前,帕特森在苏格兰境内募集资金。苏格兰人热情高涨,短短 6 个月内,帕特森募集了 40 万英镑,这是一大笔资金,相当于国家全部资产的 $\frac{1}{3}$。几乎每个苏格兰人捐献了 5 英镑。

1698 年,5 艘船只组成的舰队从利思港出发,11 月到达了巴拿马,可悲的是,他们准备并不充分,而且装备简单。他们梦想将其变为新苏格兰的地方,是个蚊子猖獗的沼泽,根本无法耕种。那里的印第安人也没有使用假发、镜子和梳子的习俗,这使得苏格兰人带来的整箱物资无法交易。此外,那个地区的英国殖民者被禁止与苏格兰人做生意,而西班牙人则持有强烈的敌对态度。

6 个月内,1200 名殖民者中有 200 名死于疟疾和其他热带疾病,死亡人数最高达到了每天 10 人。尽管殚精竭虑地想克服潮湿天气影响,他们所有的物资还是损坏了。到了夏天开始的时候,他们每周每人只能靠 1 磅①生

---

① 1磅相当于0.453千克。——译者

蛆的面粉生活。西班牙人即将进攻的消息成了救命稻草,听到消息后,他们选择了撤退。最后,只有300人幸运地返回了苏格兰。

达里恩峡部对于苏格兰人来说,是刻骨铭心的灾难。它大大打击了苏格兰人的士气,这次行动使苏格兰负债25万英镑。7年后,苏格兰不得不与英国签订了联盟法案。多数人认为,英国拒绝帮助是为了让苏格兰蒙羞,并使合并成为不可避免的趋势。40年后,支持詹姆斯党人的一个主要原因,就是源于这次事件,他们希望追寻苏格兰丧失殖民地的残留热情。

至于达里恩,现在它依然是荒凉的地方,覆盖着茂密的丛林。即使北通阿拉斯加南达阿根廷的泛美高速公路,到了达里恩峡谷也不得不中断。

英国的第一位首相是谁

a）沃尔普尔爵士（Sir Robert Walpole）

b）老威廉皮特（William Pitt the Elder）

c）威灵顿公爵（The Duke of Wellington）

d）巴纳曼爵士（Sir Henry Campbell-Bannerman）

答案是巴纳曼爵士。1905 年，在巴纳曼担任首相仅仅 5 天后，官方就第一次使用了这个词。在此之前，这个词是句骂人的话。

人们一般认为沃尔普尔是真正意义上的第一位首相，但他从来没用过这个词：他和他的继任者都是"第一财政大臣"，在 1905 年 12 月 10 日前巴纳曼也位列其中。而"首相"称号的第一次官方用法是皇室用于约克大主教的。

巴纳曼爵士出生在亨利坎贝尔。他为了继承叔叔的产业，1871 年加上了"巴纳曼"这个姓氏。1905 年接替辞职的贝尔福，巴纳曼成为了英国第一任官方首相。他非同寻常的强大内阁包括了两大未来首相（阿斯奎斯（Asquith）和乔治（Llyord George）），让自由党在 1906 年落入了边缘处境。

比自由党更为激进的是，巴纳曼支持妇女参选和爱尔兰的权力下放；引进了老年退休金制度；改善了诸多穷人的生活；声讨了英国人在布尔战争①中的野蛮；帮助筹备了南非自治政府；1906 年推进了《商品说明法》的通过，给予工会更自由的罢工权利。

在选举之后的 1907 年，他患上了心脏病，并在 1908 年同意阿斯奎斯辞职的几秒钟后发作。仅仅过了两周时间，巴纳曼在唐宁街 10 号②去世。

他的遗言是："这不是我的结局。"

---

① 1880 年至 1902 年英国人与布尔人的两场战争。布尔人是 17 世纪移民南非的白人后裔。——译者

② 位于英国首都伦敦，唐宁街 10 号是唐宁街最有名的一座建筑，200 年来一直是第一财政大臣的官邸，自从此职与首相合并后，就成为首相官邸。——译者

异想天开的创造

唯一一种完全由美国人发明的体育运动是什么

答案是篮球。

尽管篮球是美国人发明的，但是实际上它是由一位名叫奈史密斯 (James Naismith)的加拿大人于 1891 年设计的。就在同一年,乒乓球也问世了。

奈史密斯在 1890—1895 年是斯普林菲尔德学院（后来成为基督教青年会训练学校)的一名体育教师,斯普林菲尔德学院位于马萨诸塞州的斯普林菲尔德。人们希望他发明一种能够在室内玩的体育运动,而且不需要特殊的新型设备。奈史密斯揉掉了一张又一张草图,最后将目光投向了房间内垃圾筒中的一堆纸团。

起初,运动者只是在一个老旧的室内场馆里上下运球,将球投入钉在阳台上或者墙上的篮子中便得分。直到 21 年后的 1912 年,才有人抽空在篮子底部做了一个洞,在此之前都是每得一分,便必须有人沿着梯子爬上去够篮框,用一根长杆将球捅下来。

1959 年,在奈史密斯去世 20 年后,他被载入篮球名人纪念堂(现称为奈史密斯篮球名人纪念堂)。

家用录像系统正在成为世界的标准盒式录像带,对于它的成功,人们给出的原因之一是原先索尼公司的 beta 制录像系统录制时间太短,无法录下整场的篮球比赛。这种说法虽然流传广泛,但是不足为信。

我们为什么要感谢克拉普尔

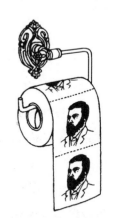

因为他发明了：

a）窨井盖

b）浴室陈列室

c）浮球阀

d）抽水马桶

除了最后一项，其余都是他发明的。

克拉普尔(Thomas Crapper)是伦敦的管道工，他拥有 9 项专利，包括窨井盖、排水沟、导管接头和最有名的浮球阀。

克拉普尔富有革新精神的切尔西展厅获得了巨大成功，尽管女士们说她们羞于观看这个暧昧展览。位于国王大道上的克拉普尔公司，是由他的侄子乔治(George)创办的，在 1966 年倒闭了。

克拉普尔公司拥有 4 项皇家许可证。威尔士的王子(后来的爱德华七世)1880 年买下桑德林姆宫时，他们负责桑德林姆宫所有的下水道工程。

1969 年，在《满怀自豪》(Flushed with Pride)一书中，作家雷伯恩(Wallace Reyburn)认为克拉普尔发明了抽水马桶，并因此被授予爵位，这一条还被列入了《大不列颠百科全书》(Encyclopadia Britannica)。但是，就像所有管道工告诉你的那样，这些都不是事实。

尽管克拉普尔的"静音无阀节水器"也是一种抽水马桶，但这项专利并不属于他。一个叫吉布林(Alfred Giblin)的人在 1819 年就申请了这项专利。

第一座抽水马桶，发现于距今 2000 年前的中国汉代宫殿遗址中(公元前 206 年—公元 220 年)。厕所是石质的，有座位、扶手和一系列冲洗池子的管道。第一座现代厕所，据说是 1592 年伊丽莎白一世的教子汉灵顿

(John Harington)爵士发明的，不过，关于这一点还存有许多疑问。

有人认为，厕所俚语称呼的起源与克拉普尔的姓有关，这很有可能是真的。1930年代之前，这个词从未在文献中出现过。"克拉普"(Crap)一词最早可以追溯到1440年，但是它意思是"无用的东西"，而且到了1600年它就被弃用了。维多利亚时代的人并不知道"克拉普尔"(Crapper)这个词，更不用说把它引申为更有趣味的意思。

后来，英国移民把"克拉普尔"这个词传到了美国。第一次世界大战中，美国士兵到了英国后，他们留意到伦敦城抽水马桶上都刻着"克拉普尔"，从此这个名字就流传起来，成为厕所的代名词。从此，"克拉普尔"一词有了它现代的含义。

雷伯恩在1971年又出版了一本关于假想胸罩发明者的荒诞小说《挺立：奥托·提兹林格的崛起》(*Bust-up:The Uplifting Tale of Otto Titzling*)。

斯蒂芬：浮球阀……哈哈哈……对不起，我也不知道为什么那么好笑。我想起了憨豆先生。

谁发明了圆珠笔

a) 比罗先生(Biro)

b) 比希先生(Bich)

c) 库艾特先生(Quiet)

d) 劳德先生(Loud)

在圆珠笔发明之前,写字是一件冒险的事情。你必须经常将钢笔浸入墨水瓶,而且钢笔还容易渗漏,而墨(发明于中国)在纸上干得很慢。

一位名叫劳德(John J. Loud)的鞣革工人在 1888 年 10 月 30 号注册的专利中首次解决了这些问题。他创造了一枝笔尖带有滚珠、能从墨水囊中不断获得墨水的钢笔。尽管这种钢笔还是会漏水,但是用它在皮革上书写时要比钢笔更为有效。劳德没能充分利用他的专利,否则我们会说"劳德笔"而不是"比罗笔"了。

比罗(László Biró)是位匈牙利人,他最初学医,但是一直都没有毕业。在从事新闻工作之前,他做过一段时间的催眠师和赛车手。

比罗对报纸油墨和自来水笔里的墨水干燥时间的差异感到好奇,因此就和他的化学家弟弟格奥吉(György)试验将一个小的滚珠装入钢笔上,滚珠在滚动的时候成功地将油墨带了下来,于是圆珠笔便诞生了。

兄弟俩于 1938 年在匈牙利对圆珠笔申请了专利,1940 年移民阿根廷以躲避纳粹迫害。他们在 1943 年又重新对圆珠笔申请了专利。由于圆珠笔在高空中书写性良好,因此英国皇家空军成了圆珠笔的早期买家,这使得"比罗"的名字在英国成为了圆珠笔的代名词。

第一批售给大众的圆珠笔产于 1945 年。同时,比罗将许可证授予法国人比希(Marcel Bich)。

比希将他的公司取名为"BiC"。同时,通过修改比罗的设计,他建立起了批量生产线,这意味着圆珠笔的销售价格便宜得让人难以置信。

BiC 保持着世界圆珠笔市场的领头羊之位,每年销售额达到 13.8 亿欧元。2005 年,BiC 公司销售了第 1000 亿枝笔。最畅销的克里斯托系列圆珠笔,每天要销售 1400 万枝。

为表示对比罗的尊敬,阿根廷人将比罗的生日——9 月 29 日——定为阿根廷发明节,并且将圆珠笔称为"比罗笔"。

等号来自于哪里

来自于威尔士。

这个数学中必不可少的符号并不是希腊人、巴比伦人或者阿拉伯人想出来的，而是来自于南威尔士沿海的滕比小镇。1510年，天文学家和数学家雷科德(Robert Recorde)在这个小镇上出生了。雷科德是一个神童，他在担任爱德华六世和玛丽皇后的皇家内科医生后名声大振，后来又成为了皇家铸币局的王室审计官。

雷科德也是一位著作颇丰的作家，写了一系列广受欢迎的数学课本，其中以《砺智石》(*The Whetstone of Witte*)最为著名。这本书不仅第一次向英国读者介绍了代数学，还引进了等号"="。

雷科德采纳两个平行直线的原因切中要点，让人耳目一新："因为没有其他的符号可以更好表达相等的概念。"但是"="这个符号过了很久才得以推广，"∥"和"ae"(自拉丁语"*aequalis*"的缩写)这两个表达等号的符号一直广泛使用到17世纪。

雷科德有一个发明没有被接受，即他对八次方——如"$2^8=256$"——的描述：Zenzizenzizenzic。Zenzizenzizenzic以德语单词"zenzic"为词根，意大利语是"censo"，意为"二次方的"。因此 Zenzizenzizenzic 的意思就是"二次方的二次方的二次方"。尽管这个用法没有被人接受，然而，它却保持了单个单词中z出现最多的纪录。

尽管雷科德在数字方面很有才能，但是他自己的财政状况却并不好。由于雷科德缺乏政治判断力，他引起了彭布罗克(Pembroke)伯爵的厌恶，彭布罗克伯爵要求雷科德偿还一笔1000英镑的巨额债务，这使雷科德破产，最终死于英国高等法院在萨瑟克的负债人监狱，享年48岁。

本生灯是本生发明的吗

本生(Robert Wilhelm Bunsen)发明了很多东西,但是本生灯不是他发明的。

本生是个很有影响力的德国化学家和教师,他发明并改进了许多实验设备,这些设备今天还在被人们使用着。然而,他最为著名的发明实际上是英国化学家法拉第(Michael Faraday)发明的,然后由本生在海德堡大学的技师德萨加(Peter Desaga)改进的。

本生最初因他对砒霜中的研究而闻名于科学界, 他在一只眼睛失明,且差点丧生于砒霜中毒之后,终于找到了砒霜唯一的解毒药。

本生接着又开始制造原电池,他用炭取代昂贵得多的白金,成功分离出纯铬、纯镁、纯铝以及其他纯金属。同时,他还在实验室中解决了如何建造一个工作模型来使热水器运行的难题。

在本生和一位名叫基尔霍夫(Gustav Kirchoff)的年轻物理学家一起的工作中,他们产生了对新型燃灯的需求。本生和基尔霍夫一起开创了被称为光谱学的技术。通过棱镜滤光,他们发现每个元素都有自己的特征光谱。为了通过加热不同的物质来产生光,他们需要一种温度极高而又不明亮的火焰。

本生用法拉第的燃灯作为起点,发明了这种新型的热源。在更早期的模型中,氧气在燃烧点加入,这样便会产生冒烟的闪烁火焰。本生构想出一种燃灯,在这个燃灯中,氧气与煤气在燃烧之前混合以制造出一个非常热的蓝色火焰。他将这个想法告诉了德萨加,德萨加于1855年构造了这种燃灯的原型。

本生和基尔霍夫用他们的新型燃灯和分光镜在 5 年之内识别出了铯

元素和铷元素。他们的实验室开始闻名,而本生的谦逊和怪癖(他从来不洗手)则让他闻名于世。俄国元素周期表发明者门捷列夫便是他众多忠实学生中的一个。

尽管本生没有给他建造的燃灯命名,德萨加还是得到了售卖该燃灯的权利。德萨加的家族在销售燃灯上都很成功(也很盈利)。

尽管本生灯有着标志性地位,但是在化学实验室中,大部分本生灯已经被更加干净和安全的电气加热板取代了。

什么是用赛璐珞制成的

乒乓球和衣领硬化剂。

现在的电影胶片再也用不到赛璐珞了。赛璐珞的主要成分是硝酸纤维素，现代胶片的主要成分是醋酸纤维素。

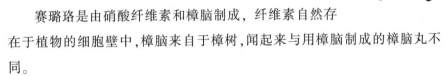

人们一般认为赛璐珞是第一种塑料制品，术语叫做热塑性塑料，意思是每次重新加热后都可以反复塑造。

赛璐珞是由硝酸纤维素和樟脑制成，纤维素自然存在于植物的细胞壁中，樟脑来自于樟树，闻起来与用樟脑制成的樟脑丸不同。

帕卡斯(Alexander Parkes)在英国伯明翰首次制造出了赛璐珞，并于1856年申请专利将赛璐珞用于防水衣物，而它的另外一个早期用途是廉价的象牙替代品：用来做台球和假牙。

赛璐珞使电影放映成为可能，因为它具有弹性，硬质的玻璃板不能穿过放映机。但是塞璐珞高度可燃，还会快速分解，因此很难储存。现在已经罕有人使用了。

大部分赛璐珞已经被更加稳定的塑料代替了，如醋酸纤维素(由木质纸浆制成)和聚乙烯(一种石油的副产品)。

硝酸纤维素(或者硝棉)是由肖恩白(Christian Schönbein)于1846年因为一个意外而发明的。他在6年前发现了臭氧。

肖恩白在厨房用硝酸和硫酸做实验时打破了一个瓶子，他用妻子的棉布围裙擦干了污秽，之后把围裙放在炉子上烘干。炉子立刻迸出了火焰，于是自古代中国人发明了火药之后，肖恩白发明了第一种新型炸药。

　　这种新炸药被称为"棉火药"。它无烟,火力是火药的4倍。肖恩白为它申请了专利,将独家制作权卖给了霍尔(John Hall)和桑斯(Sons)。第二年,棉火药炸掉了他们在肯特郡费弗夏姆的工厂,造成21人死亡。

　　接着法国、俄罗斯和德国也发生了致命的爆炸。40年后,杜瓦(James Dewar)和阿贝尔(Frederick Abel)于1889年发明了无烟火药,探索出了硝酸纤维素的稳定性用法。

　　在此7年前,杜瓦发明了保温瓶。

谁发明了胶鞋

a）亚马孙流域的印第安人

b）威灵顿（Wellington）公爵

c）查尔斯·古德伊尔（Charles Goodyear）

d）查尔斯·麦金托什（Charles Macintosh）

自古以来，亚马孙流域的印第安人就通过站在及膝的橡胶胶乳中，待这些胶乳干后，得到一双长筒胶靴。

1817 年为威灵顿公爵设计并以其名字命名的长统靴是用皮革制作的。第一双橡胶鞋到 1851 年才问世，也就是威灵顿公爵去世前一年。

第一次尝试将橡胶用在服装制造上是一个巨大的败笔——它不是在炎热的天气熔化后粘在人们身上，就是在冬天冻得跟花岗岩一样坚硬。1839 年，事情才有了转机，古德伊尔把硫磺与橡胶混合时，不慎撒了一些在家用炉灶上。

古德伊尔的故事悲喜交替的。他一生中都在极度贫困中挣扎，他的 12 个孩子中 6 个死于营养不良，但是他仍痴迷于橡胶。古德伊尔将橡胶称为"蔬菜皮革"，他从来没有放弃过改进它的质量。

他无意中发现，给橡胶一个稳定的浓度能够解决问题。古德伊尔激动地和汉考克（Thomas Hancock）及麦金托什（Charles Macintosh）——他后来成为一名成功的英国橡胶商人——分享了他做的样品。

在分析了那些样品之后，汉考克和麦金托什复制了那个步骤，并在 1843 年申请了专利，用罗马火神的名字将其命名为"vulcanization"①。古德伊尔起诉未果，再次被关进了负债人监狱——或者用他喜欢的说法，他的

---

① Vulcan，罗马神话中火与煅冶之神。——译者

"酒店"。

古德伊尔去世后,虽然他的远见和毅力获得广泛好评,他却仍然债台高筑。他曾经写道:人生不应该用金钱的标准来衡量,我从来没有抱怨说我植了树别人却收获了果实。一个人只有当他播种了却没人收获到果实时才有理由遗憾。

在他去世40年后,他的不朽地位得到了奠定。现在全世界最大的橡胶公司——古德伊尔橡胶公司——的创始人用他的名字来命名他们的公司,以纪念古德伊尔。这家公司的营业额在2005年达到了197亿美元。

爱迪生的哪项发明讲英语的人天天使用

"Hello（你好）"这个单词。

拼写中带有"e"的"hello"首次在书面中使用是在爱迪生1877年8月写的一封信中。在信里，爱迪生认为用电话交谈最好的开始方式就是说"hello（你好）"，因为它"10步到20步之外都能听得到"。

爱迪生在测试贝尔的电话原型时发现了这件事情。贝尔自己更喜欢海员的喊叫方式"Ahoy，hoy"。

当爱迪生在改进贝尔的设计时，他经常冲着在门洛帕克实验室的电话接线员大声喊"Hello！"。他这个习惯影响了他的同行们，接着又传到了电话交换台，最后成为了普通的用法。在"Hello"使用之前，电话接线员经常说"你在吗？"、"你是谁？"或者"你准备好了要讲话吗？"。

当"Hello"成为标准开场语后，电话接线员都被戏称为"Hello女孩"。

"Hullo"当时仅在表达惊讶的场合使用。狄更斯（Charles Dickens）的《雾都孤儿》（*Oliver Twist*）中有这样一句话：道奇第一次看到奥利弗时就说"Hullo，我的伙计！怎么回事？"。

"Halloo"被用来召唤猎犬和轮渡工，它也是爱迪生喜欢用的词。当爱迪生第一次发现录音的方法时（1877年7月18日），他朝机器（留声机）喊叫的第一个词就是"Halloo"。"我在做实验，先是在一条电报纸上，发现了符号系统。我喊了一声'Halloo！'，把电报纸倒回，听到了微弱的'Halloo！Halloo'，我决定制作一个可以精确运行的机器，能给我的助手们指示，告诉他们我发现了什么！"

最早记载的正式发言时使用"Hello，我的名字是……"，是在1880年第一次举行的尼亚加拉大瀑布电话接线员大会上。

斯蒂芬："他发明了'Hello'。H-E-L-L-O,这个词要比'hullo'出现得早，H-U-L-L-O,它的意思可不是问好,它代表惊讶。'Hullo,这是什么？Hullo,我们在这儿找到了什么？'我们现在还这么用。"

比尔："是吗？"

斯蒂芬："Hullo,那是什么？……不是吗,比尔？"

比尔："没错,当我们像生活在20世纪50年代的侦探电影时代时,我们常　说……'Hullo,我们没牛奶了！牛奶在哪儿？'"

第一个计算机虫真的是只昆虫吗

是或者不是。

首先,"是"。1947 年在哈佛大学,美国海军"马克Ⅱ"计算机放在一个没有空调的大房间里,一只蛾子被卡在中间开关处,使计算机停止了运行。操作员取出了那只遍体鳞伤的虫子尸体,将其粘在工作日志上,接着重启了计算机。

早期计算机的机械特性使得它易受昆虫干扰。大多数早期的计算机,如宾夕法尼亚大学的 ENIAC(电子数字积分计算机),都是电子管的,并且使用了防飞蛾进入的真空管。

但这就是"计算机虫"一词的起源吗?不是。"虫子"一词被用来指代机器故障这种用法应该可以追溯到 19 世纪。《牛津英语大辞典》引用了 1889年的一篇新闻报道,在这个报道中,爱迪生"用了两个晚上在他的留声机里寻找某个错误"。《韦氏词典》(*Webster's Dictionary*) 在 1934 年的版本中给"虫子"(bug)添加了现代意义。

而且无论大量的书籍和网站怎么说,"de-bugging(排除故障)"一词早在飞蛾把哈佛大学的计算机弄瘫痪之前就已经被人们使用了。

这是语言来自生活的一个非常令人满意的例子。一个比喻竟然被赋予了生命。

第一个打破音障的发明是什么

是鞭子。

鞭子早在距今 7000 年前就在中国诞生了。但是一直到 1927 年高速影像技术的出现，人们才观测到鞭子的"啪啪"声是一种小型音爆现象，而非单纯是鞭子击打到皮革那么简单。

挥鞭时发出的声响是鞭子高速甩动时弯曲的圆圈引起的。鞭子在甩动时，圆圈速度不断增加。当速度达到大约每小时 1194 千米，接近了音速，从而产生音爆现象发出声响。

1947 年，美国空军少校耶格尔(Chuck Yeager)驾驶的飞机"Bell X1"成功突破了音障，成为首架突破音障的飞行器。1948 年，"Bell X1"在 21 900 米高空的速度提高到了每小时 1540 千米。

1967 年创下载人飞行器最快飞行纪录的仍然是 X15 家族的"X15A"，其速度达到每小时 6389 千米，飞行高度为 31 200 米。

人类创下的最高纪录是在 1969 年"阿波罗 10 号"飞船从月球返回地球时，据记载其速度为 39 897 千米/时。

第一次世界大战中德国的军服用的是什么材料

答案是荨麻。

第一次世界大战期间,德国和奥地利都遭遇了棉花供应不足的情况。

在寻找相应替代物的过程中，科学家们碰巧发现了一种解决方法:用很少量的棉花与荨麻混合,特别是用大荨麻,这一方法别具匠心。

虽然没有进行过任何形式的有计划生产,1915 年，德国人种植的荨麻已达 130 万千克,第二年更是达到了 270 万千克。

经过短时间的努力,1917 年，英国荨麻总产量已经超过了德国和奥地利的总和,这是一个非常惊人的发展速度。

农业上,荨麻与棉花相比有许多优越性,棉花种植需要大量地浇水,而荨麻只要气候温暖,喷洒些农药,就能获得好的收成。

穿着"全荨麻材质的夹克"并不用担心会被刺伤。虽然荨麻的刺毛就像硅质的小型皮下注射器,里面充满毒液,但这些刺毛并不会存在于产品中。此外,荨麻茎干中的长纤维也都是有用材料。

德国并不是这种植物益处的第一个偶然发现者。欧洲的考古遗迹显示,在几万年前,荨麻已经被用来制作渔网、麻线和衣服。

英国多塞特郡马什伍德小镇上一个叫"瓶子旅店"的小酒馆,每年都会举行一次世界吃荨麻锦标赛。规则十分严格,比赛时不许用手套,除了啤酒不许吃去除麻感的药品,不许吐出。

吃荨麻有个技巧,就是把荨麻叶子的前端折叠起来,直接放进嘴里,用麦芽啤酒大口咽下。据说干枯的嘴巴会十分疼痛。谁在一小时的时间里吃下的荨麻叶茎累计长度最长,谁就是最后的冠军。

现在的纪录是,男子组 14.6 米,女子组 8 米。

什么尖端装置帮助第一次航母上的空降成功

是人的双手：是航母的船员简单地将飞机助推一把，让其顺利地降落。

世界上飞机首次成功着陆于航行海洋的舰船上，应该是 1917 年 8 月 2 日，由指挥官杜宁（Edwin Harris Dunning，英国皇家海军荣勋十字章的获得者）的中队完成的。其驾驶的"索普威斯"飞机需降落在英国皇家舰队一艘改造过船顶板的战列巡洋舰"雷霆号"上。

杜宁综合了 40 节的飞行减速、21 节的最高船速和 19 节的风速，这样飞机能够盘旋在船体的近处。所以当"雷霆号"驶入风速范围，杜宁尽量低空飞行，在舰桥上滑翔旋转直到机身到达了改装顶板之上，随后飞机单边滑行、回拉油门，致使机身下沉面向甲板。此刻一大群工作人员冲上前抓住预先特别准备悬挂在飞机上的绳子，将其拉住。

在决定此法不能实际采用之前，杜宁又用这种方法完成了第二次着陆。5 天后，他又再次试飞，此时得到的指令是他驾驶的飞机在没有完全停稳前任何人不能上前拉住飞机。这一回当他低空飞行时，事情变得非常可怕。着陆前飞机一个轮胎爆裂了，提拉油门时又用力过猛，导致系统失控，飞机不停地打转，风从一边吹动飞机，驾驶员被撞倒失去意识，飞机下坠。

皇家海军舰艇"雷霆号"是在第一次世界大战期间建造的三重式战列巡洋舰之一，另外两艘名字为"勇气号"和"辉煌号"，它们被称为皇家海军建造的最奇特的战舰，船队以强伪装性、大火力和声音喧嚣器而为世人熟悉。"雷霆号"的船体首尾设有两门 46 厘米口径的大炮，是当时世界上最大规模的火力炮。

这里提到的将人的双手比为一种"尖端装置"并没有嘲讽的意思。在品客（Stephen Pinker）的《大脑怎么工作》（*How the Mind Works*）一书中（2000

年前罗马的一名叫盖伦(Galen)的医生首先提出)描述了人手所能做到的令人惊叹的工作。他将其概括为勾提(提起一个桶)、剪刀手(夹着一根烟)、五指夹起(抬起一个餐托)、三指夹起(握住一枝铅笔)、两指相对夹起(捏一根针)、两指并排夹起(拿钥匙)、挤握(拿着一把锤子)、盘握(打开一瓶果酱)以及球握(拿着一颗球)。此外,还能够使用许多工具,例如螺丝刀、称量机和表面传感器等。

人们发明洗碗机的原因是什么

洗碗机的发明不是为了洗碗的方便。

最初使用洗碗机是为了减少仆人打碎盘子的数目,而非节省劳动力。

1886年,美国伊利诺伊州的加里斯(Josephine Garis Cochran)发明了第一台洗碗机。她是一名土木工程师的女儿,是伟大的轮船发明人费奇(John Fitch)的外孙女。这位社交名媛嫁给了一个商人兼政客,生活中主要的忧虑就是怕女仆损坏她珍贵的瓷器(从17世纪开始它们已经进入了普通家庭)。

这个忧虑引发了她的灵感,于是就有了接下来的故事。有天晚上她遣散了仆人,亲自上阵清洗餐盘,很快就发现这对她来说是不可能完成的任务。假设没有佣人,那她需要有一台机器来取代他们的工作。1883年在她的丈夫威廉(William)去世后,加里斯陷入了债务中,她的心情变得沉重多了。

在一位工程师朋友的帮助下,她在柴房完成了机器的设计。虽然既简陋又笨重,但它的确有效,有一个小脚踏板用以驱动,还有一个蒸汽设备。在1893年芝加哥世博会上,参展的洗碗机作了改进,在2分钟内能清洗烘干200个碟子,且因"能持久适应流水作业的最好机械装置"而被评为一等奖。它的定价是250美金,虽然对家用机器来说过于昂贵,但在旅馆饭店中颇有市场。1913年加里斯去世前,她还一直经营着"加里斯新月洗碗机公司"。

其他一些洗碗机于1850—1865年在美国被陆续发明(取得专利)(发明者似乎都是女性),但没有一台真正能够工作。1850年,霍格顿(Joel Houghton)制造了一台手工的木质机器并申请了专利;1870年,霍布森(Mary Hobson)发明了一台洗碗机,并申请了专利,但是需要加上"改进"两个字。电动洗碗机于1912年首次面世;1932年有了一种洗碗机专用清洁剂(加尔贡);第一台自动洗碗机的发明是在1940年,但是直到1960年才传入欧洲。

特氟纶是如何被发现的

与长久来的说法相反,特氟纶不是太空计划的副产品。

特氟纶是聚四氟乙烯(PTFE)或氟聚合物树脂的商业名称,1938年由普伦基特(Roy Plunkett)偶然发现,1946年实现商业化销售。

普伦基特在用制冷剂含氟氯烃做实验时,发现了一瓶奇怪试样,该试样经过一夜的冷却,已变为光滑的白色粉末状固体,它具有极其特殊的性质——异常光滑,且不易被包括强酸在内的几乎所有化合物腐蚀。

他的职员杜邦(Du Pont)随后开发了这种新材料的一系列用途,从最初的参与曼哈顿计划(美国1942—1946年发展核武器的代号)到后来用于厨具的制造。

关于特氟纶在太空计划中的神奇作用,没人能给出确凿证据,只有"阿波罗号"上的电缆绝缘包皮完全是用特氟纶制作的。

还有一种关于特氟纶的传说:涂上了特氟纶的子弹穿透护甲的能力要比没涂过的强得多,实际上涂上特氟纶的原因是,尽量减少枪管内层的涂层量,而又不至于影响子弹的威力。

特氟纶具有其他固体材料不可比拟的低摩擦系数,这也是它广泛用于制造不粘锅的原因。

既然特氟纶真的这么光滑,它为什么能黏附在锅底而不脱落呢?这个步骤包括:先对锅底进行喷砂处理,从而在锅底产生微小沟槽,然后再喷上特氟纶的外衣,这些液态特氟纶会流入那些微小的沟槽中。高温加热会使特氟纶固化并获得合适的机械咬合力,最后涂上密封胶再次烘烤。

桂格燕麦片是谁发明的

不是桂格会教徒①。

桂格(Quaker)燕麦公司于1901年在美国宾夕法尼亚州成立。之所以取名"桂格"，是由于宾夕法尼亚有很多诚实有声望的桂格会信徒。

然而，桂格燕麦现在已经加入了庞大的百事可乐公司，与"桂格会"(或公谊会)再没有丝毫关系了。不像某些巧克力公司，比如Cadbury's，Fry's，Rowntree等名字，它既不是由桂格会所创，也不是建立在桂格会的信条之上。

这也让桂格会颇为苦恼。

20世纪50年代，桂格燕麦的开发员们以及哈佛大学和麻省理工学院组织了一场实验来弄清人体是如何吸收谷物内的营养的。

费内尔德州立学校(即原著名的马萨诸塞弱智儿童特殊学校)学生的父母们被邀请让他们的孩子加入一个特殊"科学俱乐部"。作为俱乐部活动的一部分，孩子们摄入高营养的餐点并被带着去参加棒球赛。

虽然不清楚这样做的意图，但给孩子们吃的东西聚集了大量的铁和放射性钙，这些物质在身体中富集。家长们最后把桂格燕麦公司告上了法庭，最终它在1997年同意支付100多位参与者共计185万美元的赔偿金。

桂格公司电视广告里的代言人有一段时间是佩恩(William Penn)。他在1682年创立了宾夕法尼亚州，是一位十分有影响力的桂格会成员。也许桂格燕麦公司希望用他改善和公众的关系，尽管公司方已经断然地否定了这种说法。

桂格燕麦的商标是1957年由桑德布鲁姆(Hoddon Sundblom)绘制的，

_____

① 又称公谊会教徒，是基督教新教的一个派别。——译者

就是他创造了可口可乐公司圣诞老人形象。桑德布鲁姆最后的作品是 20 世纪 70 年代早期为《花花公子》(*Playboy*)绘制的圣诞节封面。

公谊会的昵称"桂格"常常会被人们斥为亵渎神明。1960 年, 福克斯 (George Fox)作为活动的发起者建议法庭在宣判的时候要"战栗于上帝的语言"。但是, 这个宗派已经给人留下了"战栗"着沉迷于信仰的印象, 这也似乎是更确切的原因。

谁是历史上最危险的美国人

胡佛(J. Edgar Hoover)①?奥本海默(J. Robert Oppenheimer)②?还是小布什(George W. Bush)③?

这个问题的答案很可能是美国俄亥俄州代顿的一名化学家，米奇利(Thomas Midgely)。他发明了含氯氟烃和汽油中加铅。

米奇利1889年出生，攻读过工程师专业。在他早期的职业生涯中,他偶然发现了在煤油中加入碘可以略微减轻发动机的"敲击",但"略微"对于他来说远远不够。他告诉自己要抓住化学的要领,之后的6年,为了寻找完美的解决方法,他几乎一直待在实验桌前。1921年,他终于找到了。

当时,米奇利所效力的公司和美国通用汽车公司合并,公司采纳了他的"无爆"配方,在发动机燃料中加入四乙铅。四乙铅汽油改变了整个现代世界。但它同时也是有毒性的,在70余年里导致无数废气排入大气层,危害了成百上千人的健康——包括米奇利本人(虽然他总是否认这点)。

有些人认为米奇利的发明导致了废气的排放,这种观点刺激他想发明一种安全的物质来取代那些制冷剂中的例如二氧化硫、氨水等有毒化学成分,他发现二氯二氟甲烷——最早的氟利昂——只使用了3天。含氯氟烃看似是完美的解决方法——惰性、无毒、有效。不幸的是,我们今天了解到它们会破坏臭氧层,自1987年,氟利昂就在全球被禁止生产了。

从任何方面来看,米奇利都是一个非凡的人。他拥有171项专利,喜爱音乐而且会写诗歌。但是他的发明是致命的,在他51岁时患上了脊髓灰质

---

① 1924—1972年美国联邦调查局局长,建立了指纹档案。——译者

② 美国物理学家,担任美国研制原子弹"曼哈顿计划"的实验室主任,1945年制成了第一批原子弹。——译者

③ 美国第43届总统,共和党人。在"9·11"事件后发动了反恐战争。——译者

炎,尔后一条腿失去了功能。最具有讽刺意味的是,帮助他每天离开床铺活动的带子在一个早晨纠缠在了一起,随之而来的是剧烈地挣扎,美国最危险的人就这样由于小小的疏忽将自己缠死了。享年 55 岁。

　　菲尔:然后他决定裁去经纪人,并用榔头杀死婴儿。

第三部分

谁来保护你的大脑

酒精会残害我们的脑细胞吗

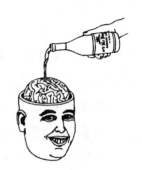

好消息,酒精并不会"杀死"脑细胞,只是会使新生细胞发育缓慢。

酒精会摧毁脑细胞这种说法,可以追溯到 19 世纪早期禁酒运动,倡导者们要求禁止所有的酒精饮料。但是这种说法是没有科学根据的。

从饮酒者和不饮酒者的抽样调查表明,这两个群体之间的神经元整体数量或者密度都没有明显的区别。许多其他的研究还表明,适量饮酒实际上还有利于思考。瑞典的一项研究结果显示,老鼠被给予了酒精之后脑细胞反而增多了。

酗酒确实能导致严重的伤害,更不要提对大脑的损害了。但没有证据证明这些危害与脑细胞的死亡有任何联系,更有可能是酒精干预了大脑的工作进程。

宿醉是大脑因脱水收缩而引起的,它导致大脑膜绷紧。令人感到酸痛的是脑膜,而大脑本身没有任何感觉,就算你将一把刀插进去也一样。

"人中"就是你上唇上方直立的"槽",它的作用是你在喝啤酒时可以使空气保持流通。

假如在零重力状态下你打开一罐啤酒,则所有啤酒都会在一瞬间溢出来并以小水滴形式到处飘浮。

天文学家最近发现,我们生活的银河系中含有大量甲醇。巨大的甲醇云其直径可达 4630 亿千米。尽管我们钟爱饮用的酒精是各类乙醇,饮用甲醇则会中毒,但是这项发现在某种程度上证明了一个理论:宇宙存在于这里,就是供我们饮用的。

什么是饭后20分钟内绝对不能做的事

你的父母们给你的答案可能是游泳,但没有证据表明正常饮食后适当游泳有何危害。

游泳池并不是什么特别危险场所。按照官方罗列的数据,人们更可能在脱掉紧身裤、切蔬菜、遛狗或者是修剪树篱时受伤。

你还要远离棉签棒、纸板箱、蔬菜、芳香疗法用具和洗碗用的丝瓜瓤,所有的这些都变得越来越危险。

持饭后不宜游泳这种观点的人（这个标语直到现在还被贴在游泳池边),普遍认为饭后身体其他部位的血液会流向胃部帮助消化,这样四肢的血液就减少了,从而容易导致肌肉麻痹抽筋(还有一种经不起推敲的说法是,胃里食物的重量使人下沉)。

即使是饱食后游泳,最可能造成的结果是胸口刺痛或者产生呕吐感。摄入食物和游泳之间根本不存在必然的危险联系。

较大的危险则在于由于不饮水而引起的脱水或者因节食引发的身体虚弱。

另一方面,英国皇家事故预防学会(RoSPA)提倡人们多增加一些"常识",声明反胃现象至少存在某种理论上的风险,不过也仅仅是发生此种情况时,在水中的危险性大于在陆地上而已。

2002年这个学会给出的报告列举了导致当年英国意外事故发生的诱因数据:

教练员	71 309 例
紧身衣裤	12 003 例
纸板箱	10 429 例

室内游泳池	8795例
棉签棒	8751例
裤子	8455例
细枝条	8193例
芳香疗法	1301例
丝瓜瓤和海绵	942例

电视如何侵害人体健康

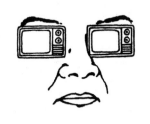

坐得离电视太近并不危险。

还是在 20 世纪 60 年代末,阴极射线管电视机会释放出低频率的紫外线辐射,所以观众们得到的忠告是看电视时离电视机不能少于 6 英尺①的距离。

过去儿童受到的风险是最大的。孩子们的眼睛非常容易适应距离的变化,所以他们看电视时离电视机的距离也通常会比大多数成年人近得多。

近 40 年前,美国辐射控制健康安全法案强制要求所有的电视机生产商要用铅化玻璃制造阴极射线管,此举保证了电视机的绝对安全。

电视引起的真正严重的危害是导致了现代人懒惰的生活模式。在过去 20 年中,英国儿童的肥胖率是原来的 3 倍,这在很大程度上与电视有关。年龄在 3—9 岁间的英国儿童平均一周要花上 14 个小时看电视,相反体育运动和户外活动只有 1 个小时。

2004 年,刊登在《儿科学》(Pediatrics)杂志上的一项研究总结:那些每天看 2—3 小时电视的儿童患注意缺陷障碍(又称儿童多动症)的风险要比普通儿童高出 30%。

2005 年,尼尔森研究调查公司揭示,每户美国家庭每天平均花上 8 个小时看电视。这个数字要比 10 年前高出 12.5%,同时它也是 20 世纪 50 年代开始统计电视收视率以来的最高纪录。

美国儿科学会估算,当美国人活到 70 岁时,他们已经平均用去整整 8 年的时间来看电视了。

① 1英尺相当于0.304米。——译者

新生的婴儿最喜欢什么

没什么特别喜欢的,而且也不会对妈咪有特殊感情。

和其他许多生物不同的是,人类不会很快就"留下印记"。当父母们能立刻和他们的婴儿建立起亲密关系的时候, 绝大多数 2—3 个月的婴儿不会对某一个人有偏爱。

尽管我们平常的智慧告诉我们在婴儿出生后越快将其放到母亲的身边越好,这可能对母亲比对孩子更有利。美国明尼苏达大学 1999 年开展的人类依恋关系发展的研究证明,亲密关系的形成过程要比所有我们大多数认为的慢得多,以下罗列了几个步骤:

16 小时　比起其他噪声婴儿更喜欢听人说话(他们开始有规律的身体活动,生理学家认为这是兴奋的表现),但他们对特定声音没有偏好。

2 天　婴儿可以辨别出母亲和陌生人的脸,但他们仍没有显出偏好。

3 天　婴儿能清楚地识别人的声音,特别是他们母亲的声音。

5 天　婴儿能嗅出自己母亲母乳的味道。

3—5 周　婴儿开始特别对人的脸部,特别是对母亲的眼睛产生兴趣。

3—4 月　婴儿开始和母亲(或是其他最初照看他的人)互动。

3—7 月　婴儿开始在自己的家人面前展现强烈的表现欲望。

"留下印记"的概念最早是由奥地利著名动物行为学家罗伦兹(Konrad Lorenz)提出的,实验表明,灰雁会在产卵时"留印"——小鸟在出生后 36 小时内记住第一个会移动的东西。这对研究濒危动物的繁衍有很大益处。

但并没有证据表明人类的留印也以同样的方式。加拿大的研究团队发现,人类在长到 3 个月大的时候,所有的行为能力都和小猩猩如出一辙,这对于他(它)们的母亲来说除了甜蜜感之外并没其他什么感觉。

你每晚应该睡多少小时

据说睡足 8 个小时是件很危险的事。每天晚上睡 8 小时以上的成年人，要比每天晚上睡 6—7 个小时的成年人死亡得早。

2004 年，美国加利福尼亚大学的克里普克(Daniel Kripke)教授发表的一项为期 6 年涉及 110 万人的研究表明，每晚睡 8 小时或者更多(或者少于 4 个小时)的人，死亡率要高得多。

现在英国人平均每天的睡眠时间为 6—7 小时，这比当年他们的祖父辈每天少睡 1.5 小时。1900 年，英国人每晚的正常睡眠时间是 9 小时。

有证据表明，睡眠不足会导致短时间内智商下降、记忆丢失和思考能力减弱。

达·芬奇一生中有一半的时间在睡觉。和爱因斯坦一样，达·芬奇在白天有打盹的习惯，他每 4 小时就小睡 15 分钟。伟大的辞典编纂家约翰逊(Johnson)博士很少会在中午之前起床。法国哲学家帕斯卡(Pascal)同样在白天花很多时间待在床上打瞌睡。

另一方面，以长寿闻名的大象每天只睡 2 小时。考拉每天睡 22 小时，但只有 10 年的寿命。蚂蚁，正如本书先前提到的那样，每天只睡几分钟。

人平均花 7 分钟即可入睡。睡眠健康的人每晚会醒 15—35 次。目前有 84 种公认的睡眠紊乱症状，包括失眠症、严重打鼾、发作性睡眠(在白天就能睡着)、窒息(睡觉时停止呼吸)和腿痉挛。英国有 25 个专门针对睡眠疾病的诊所，永远人满为患。

在英国 20%发生在高速公路上的事故都是由于司机打瞌睡引起的。预防这种事故发生的最好方法，就是开车时将头发悬系在车顶部。

第二种方法是吃一个苹果。此举可以刺激肠胃消化，并提供缓慢释放的能量，这比喝一杯咖啡还有效。

到2030年世界上第一大杀手是什么

a）肺结核

b）艾滋病

c）疟疾

d）烟草

e）谋杀

根据世界卫生组织提供的数据，烟草是目前世界第二大致命源，每年全世界每 10 个死亡的成年人中就有 1 个是死于烟草的毒害。每年因吸烟而死亡的人数大约是 500 万，而目前每年死于癌症的人数是 700 万。

如果这些数字以目前的速度持续上升，到 2030 年，烟草——以及因吸烟引发的各种疾病——将成为全世界最大的杀手，每年将夺去 1000 万人的生命。

全世界大约有 13 亿烟民，其中半数会死于烟草。

发展中国家承受的危害是最大的。84%的吸烟者目前生活在中低收入国家。在这些国家中，自 1970 年以来，吸烟人数就呈现出稳步增长的趋势。

相反，美国男性烟民的比例从 20 世纪 50 年代的 55%，下降到了 20 世纪 90 年代的 28%。中东地区，有一半的成年男性吸烟，从 1990 年到 1997 年之间，烟草的消费量增长了 24%。

发展中国家因为吸烟所导致的经济损失对人们健康的危害如同灾难给人们带来的影响一样。在尼日尔、越南和孟加拉等国家，穷人在购买烟草制品上花的钱要比他们花在食物上的钱多了近 $\frac{1}{3}$。

直至 20 世纪 40 年代晚期，现代科学才将疾病和烟草直接联系在一起。在英国,直到1964年英国皇家内科学院公布了报告之后,政府才全盘接受了吸烟和癌症之间有必然联系的事实。又过了7年,香烟包装盒上才出现"吸烟有害健康"的警示。

尽管30年来证据不断增加,但英国每4个成年人中还是有1人(约1300万人)继续长期吸烟(即使他们中有70%的人正在不断努力戒烟)。

2004年,喜马拉雅山麓的不丹王国不仅颁布了公共场所的禁烟法令,而且还禁止销售烟草,开创了世界的先河。

英国医生最常治疗哪种疾病

a）常见感冒

b）耳内感染

c）抑郁症

d）睡眠疾病

抑郁症是英国医生最常治疗的疾病，也是世界上第四类常见疾病，排在它前面的有肺炎/支气管炎、腹泻和艾滋病（1999 年世界卫生组织颁布的数据）。

据估算，全世界每年有 10% 的女性和 3%—5% 的男性患上严重的抑郁症。

在英国约有 320 万人（占人口的 5%）患有严重的抑郁症，而且情况正在变得越来越糟。在 1990—2000 年间，英国每年为抑郁症开出的处方数量增加 1000 多万。

估算下来，通过休假、治疗费用、自杀和生产力减少等方式所体现出来的抑郁症每年给英国经济所造成的损失达 80 亿英镑，相当于每个男人、女人和孩子每年都要花掉约 140 英镑。

这不仅仅是由于英国人内在性格压抑，或是由于阴冷的气候所导致的特有结果，因为在美国，有 2500 万人（占人口的 8.33%）患上了严重的抑郁症；而在澳大利亚，甚至有 5 岁大的儿童也在接受抑郁症治疗。

在孟加拉国由于常年温度较高，最常见的疾病就是腹泻和肠内寄生虫感染。但是抑郁症却非常普遍（尤其是在女性中间），达到了总人口的 3%。

在非洲，抑郁症在常见疾病的排行上位列第11位，第1、第2位分别是艾滋病和疟疾。在大多数发展中国家，由于人们在文化上对心理疾病持怀疑态度,这就意味着对这类疾病的诊断会非常困难,因此,和西方人相比,各种症状更有可能从生理上显示出来。

斯蒂芬:英国医生最常治疗的疾病是哪种?

安迪:这种小事你不是早就知道了吗,你以为装病就可以在这周不工作。

"散步"可以治疗抑郁症吗

是的。而且至少等同于药物产生的疗效。

最近的一项对英国 24—45 岁受访者所做的调查发现，每天锻炼半小时、每星期锻炼 3—5 次，能得到与药物治疗一样甚至更好的效果，通常能减轻 50% 的抑郁症状。

根据《科学新闻》(*Science News*)，安慰剂能比药物或者草药更有效地治疗抑郁症。在 1979—1996 年进行的一系列试验中，西雅图的精神科医生卡恩(Arif Khan)博士发现，圣约翰草(金丝桃)治愈了 24% 的病例，抗抑郁药物舍曲林治愈了 25% 的病例，但糖衣安慰剂却完全地治愈了 32% 的患者。

更近的一项研究将抗抑郁药物氟西汀(百忧解)及文拉法辛缓释胶囊和安慰剂作了比较。结果是药物以 52% 的治愈率胜出，但安慰剂的治愈率仍然不错，保持在 38%。可是当真相被揭开后，患者的病情随即迅速恶化。

许多评论家相信治疗的环境 (对患者治疗的同时再给予亲切的关怀)是一个很重要的因素。结论似乎如下：药物治疗和亲柔地关怀相结合能得到最快和最长久的疗效。

静坐似乎也有效果。在一项西藏僧人参与的项目中，威斯康星—麦迪逊学院的神经学教授戴维森(Richard Davidson)请喇嘛们打坐思考"无条件的慈爱和同情"。

结果产生了非同寻常的伽马脑电波，而通常是很难探测到的。这个现象似乎表明，大脑如果经过训练就可以自主分泌多巴胺[①]——如果缺少这

[①] 一种神经递质，用来帮助细胞传送脉冲。这种脑内分泌物主要负责大脑的情欲、快乐、兴奋等感觉的信息传递。——译者

种化学物质就会患上抑郁症。

使用药物会导致人大脑自主产生多巴胺的功能几乎完全停止。

通过训练自己保持"积极正面"的态度,就可以让自己再次高兴起来。

这也许揭示了安慰剂能起作用的关键:信念永远威力无穷。

斯蒂芬:和海豚一起游泳对治疗抑郁症极为有效。

肖恩:如果它们不搭理你,如果它们自顾自地游呢?

哪个国家自杀率最高

2003 年,立陶宛每 10 万人中竟然有 42 人自杀。每年全国自杀的总人数达 1500 人,比交通事故死亡人数还多,比 10 年前高出了一倍。

如果把这个比例放在世界范围内来看,立陶宛的自杀率和英国人的自杀率之比是 6:1,和美国相比是 5:1,几乎是世界平均数的 3 倍。没有人知道其中真正的原因,但耐人寻味的是,全世界 10 大高自杀率的国家中有 7 个是波罗的海地区的国家或者苏联的加盟共和国。或许因为立陶宛有世界上最多的神经学医生的缘故吧。

在世界各地,包括波罗的海国家,最有可能自杀的人是居住在农村的男性(不论年轻人或老年人),这倒也合乎情理:任何在农村苦苦挣扎过的人都知道,酒精、封闭的环境、债务、坏天气、无能(心理学家称之为"男性无能综合征"),再加上很容易弄到武器和危险药品,所有这些综合在一起确实会要人性命。

例外的是,中国和南印度地区农村的年轻妇女是另一个高危人群,其自杀比例分别在 $\frac{130}{100\ 000}$ 和 $\frac{148}{100\ 000}$。在中国可能是由于有一些年轻的妻子常年和她们在城市中打工的新婚丈夫分居。在印度的自杀人群中有 $\frac{1}{3}$ 是年轻女孩。

全世界的自杀率都在不断上升,每年至少有 100 万人死于自杀——每 40 秒就有一个,占了非正常死亡人数的一半:现在自杀的人数要多于在战争中死亡的人数。

另一方面,长期以来一直被"无聊到人人都想自杀"口头禅纠缠的瑞典竟然被挤出了榜单的前 20 名。

"瑞典自杀"之谜的准确历史根据,完全消失在战后如火如荼的重建中,但是许多瑞典人却仍对当时的美国总统艾森豪威尔(Dwight D. Eisenhower)(1953—1961年执政)颇有微词,因为他利用当时的高自杀率来诋毁瑞典的社会民主,破坏瑞典人乐观的、似乎与资本主义背道而驰的平均主义。

　　艾伦:如果把所有的遗书收集起来,出版成书,是不是很妙?

　　斯蒂芬:哇哦! 是啊!

　　艾伦:也许能找出为什么维尔纽斯的自杀率那么高! 食物,他们都恨透了那儿的食物!

哪一种表情牵动更多肌肉,微笑还是皱眉

在收到惹人喜爱的问候卡片以及别人主动写来的电子邮件时,人们的会心一笑足以让我们相信:皱眉所要用到的肌肉远远胜过微笑——原因可能在于当你自己被取悦或感到愉快时,微笑比绷着脸要容易得多。

遗憾的是,这个观点不完全正确。微笑的表情要比皱眉正好多用一块肌肉。人的脸上分布着 53 块肌肉,露出一个大大的微笑要用到其中 12 块,而皱眉则只需 11 块。

我们所知道的真正的微笑严格来说应该叫杜兴微笑或颧骨微笑。法国的神经学家杜兴(Guillaume Duchenne)(他一开始的职业是名渔夫)最早证实了真诚温暖的笑容需要同时使用眼部和嘴部的肌肉。"颧骨"一词来源于希腊语中的"zygoma",意为"纽带",因为两块颧骨肌肉是由颧骨伸展到嘴角。

除了这 4 块肌肉,要表现微笑的表情还需用 2 块肌肉弯曲眼睛、2 块提起唇角、2 块拉伸嘴巴、2 块调整嘴巴的弧度。所以微笑一共需动用 12 块肌肉。反之,皱眉板脸需要 2 块肌肉将嘴唇向下推、用 3 块皱起眉头、1 块抿起嘴唇、1 块压下下唇、2 块一起推低嘴角、2 块控制眼部。所以皱眉板脸一共需动用 11 块肌肉。

撇去以上因素不谈,微笑也许从平衡上来说更容易一些——很大原因是由于在大多数令人痛苦的情况下,人们使用微笑的表情远远大于愁眉苦脸。结果就造成了我们的微笑肌更为发达。

顺便提及的是,草率而虚伪的笑容只需要动用两块肌肉。我们所知的那些笑肌或称为圣托里尼肌,是由意大利解剖学家圣托里尼(Giovanni Santorini)确认的,它们负责推动嘴角的侧边部分。所以如果你的目标是用最少的努力不去传送快乐,假笑倒是一个最简单的手段。

第四部分

变幻多端的物质世界

自然界中的物质有多少种形态

你肯定认为这个问题太简单了,物质不就是有固态、液态和气态三态嘛。

事实上,目前知道的物质形态至少有 15 种,而且这个数字还在不断增加中。

下面列举了我们最近研究发现的物质形态:

固态、非晶质固态、液态、气态、等离子态、超流体态、超固态、简并态、中子态、强对称、弱对称、夸克—胶子等离子态、费米子凝聚态、玻色—爱因斯坦凝聚态和奇夸克物质。

无需细说,最令人好奇的莫过于玻色—爱因斯坦凝聚态了。

玻色—爱因斯坦凝聚态(BEC)是物质在冷却到绝对零度($-273℃$,所有的物质的运动趋向于停止的理论温度)时呈现的物态。

当物质呈玻色—爱因斯坦凝聚态时会发生非常奇怪的事情:在可观测范围内,人们通常只能观测到物质原子级的正常行为。例如,如果你把一种处于玻色—爱因斯坦凝聚态的物质放入一只烧杯,并保持足够低的温度,这些物质的原子会爬出烧杯,因此无法将它盛于烧杯内。

很显然,这种降低自身能量的尝试是徒劳的,这种凝聚态物质已经处于最低能级了。

早在 1925 年, 爱因斯坦在研究了印度物理学家玻色 (Satyendra Nath Bose)的一篇论文后,就预测了玻色—爱因斯坦凝聚态的存在。直到 1995 年玻色—爱因斯坦凝聚态才由美国的科学家制备出,他们也因此获得了 2001 年的诺贝尔物理学奖。爱因斯坦的有关研究手稿直到 2005 年才被发现。

玻璃是不是固态的

是的。

你或许曾经听说玻璃是一种冷却的非晶态液体，并且在缓慢地流动。这并非事实——玻璃是**实实在在的**固体。

为了支持玻璃是液态的说法，人们常常提到古老教堂的窗户——这些玻璃经长时间的流动，它们的底部已明显厚于顶部。

其实真正的原因不是玻璃会随时间流动，而是因为中世纪的玻璃工人不能够总是制造出厚薄均匀的玻璃，所以在组装玻璃的时候，他们自然会选择厚的一边放在底部，这是个很浅显的道理。

人们对玻璃到底是液态还是固态的说法，可能来自对德国物理学家塔曼（Gustav Tammann）所做研究的一些误读，他曾研究过玻璃并对玻璃凝固时的状态进行了描述。

他观察到，玻璃的分子结构是不规则、混乱的，不像金属，它们的分子结构是规则有序的。所以，他通过类比，把玻璃比作是"一种已凝固的过冷液体"。但是，把玻璃比作一种液体，并不意味着它就是液体。

现在，固体一般分为晶体和非晶体，而玻璃是一种非晶态固体。

哪种金属在室温下呈液态

汞、镓、铯和钫在室温下都呈液态。因为这些金属的密度非常大，理论上，砖块、马蹄铁甚至炮弹都可以漂浮其中。

法国化学家布瓦博德朗（Lecog de Boisbaudran）在 1875 年发现了镓元素（Gallium，Ga），大家猜测这样命名是他为了纪念自己的祖国，"*gallus*"在拉丁语中的意思是"高卢雄鸡"。镓的发现首次肯定门捷列夫（Dmitri Mendeleev）元素周期表未知元素存在的预言。镓元素因为其特殊的电学特性，主要用于芯片生产。当镓和砷混合时，能够把电流直接转换为读取唱片数据的激光，因此它也可以用于光盘唱片机生产。

铯元素（Caesium，Cs）主要用于原子钟的生产——用来定义原子秒。铯元素接触到水的时候会发生激烈的反应，甚至会产生爆炸。铯在英文中的意思为"蓝色的天空"，因为它的光谱中呈现出明亮的蓝色。铯是 1860 年由德国化学家本森（Robert Bunsen）和另一位化学家基希霍夫（Gustav Kirchoff）用他们合作发明的分光镜发现的。基希霍夫在早年还发现了信号在无线电报中以光速传播。

钫元素（Francium，Fr）是地球上最稀缺的元素之一，据统计地球上钫的存量只有可怜的 30 克。这是因为钫元素极强的放射性使它能够迅速衰变成别的更稳定的元素。它是液态金属，但这种液态不能存在长久，最多仅几秒钟而已。1939 年法国巴黎居里研究所的佩雷（Marguerite Perey）分离出了钫元素。钫元素可以说是自然界中最后一个被发现的元素。

上述的这些金属在极端低温下也呈现液态，因为这些金属原子内电子的排布使得原子间很难彼此接近，无法形成晶格。

每个原子自由流动，不受周围"邻居"的吸引，这也是其他液体中发生的情况。

大卫·米切尔:爱德华七世没有吞食大量水银吗?

斯蒂芬:我想是的。

大卫·米切尔:我认为他是为了治疗便秘,喝很多的水,将水银强制排出,或者可以换一种方法,徒手倒立,然后填充大量的氦气。只要几个男仆提着网兜接住粪便,"千万别弄脏了挂毯"。

哪种金属是最良好的导体

答案是银。银是导电性、导热性和反射性最好的金属，它的缺点或许就是价格昂贵。我们在电器设备中用铜线，是因为这种导电性第二名的金属的价格要便宜得多。

除了具有装饰用途，银现在更多的是用于摄影行业以及用于制造长寿命电池和太阳电池板。

银具有消毒功能。只要少量的银——需要消毒的水的一亿分之一，就可达到消毒效果。这个事实早在公元前 5 世纪就已广为人知，当时古希腊历史学家希罗多德（Herodotus）曾记载：波斯国王塞勒斯大帝在巡游途中，携带的个人用水取自一条特定的小溪，水经煮沸后被密封在银质容器中。

罗马人和希腊人都注意到，盛放在银质容器中的食物和饮料不易变质。在发现细菌前，银的高效抗菌性已被人们运用了好几个世纪。这或许能够解释为什么在古井底常会发现银币。

在你开始使用你的银质器具前，我要提醒你：

首先，尽管银在实验室环境下确实会杀死细菌，然而它在人体中是否有用还存在争议。银的许多优点并没有被证实：美国食品药品管理局已经禁止银器生产公司宣传银对人体有益的广告。其次，一种被称为"银质沉着症"的疾病与银离子过量摄取有关，该病最显著的症状是蓝色皮肤。

而另一方面，游泳池中使用银盐来取代氯，在美国，运动员的短裤里会加入银盐来防止脚臭。

水是电的不良导体，特别是纯水更是绝缘体，在水中，起导电作用的不是水分子，而是其中的化合物——盐类等。

海水的导电性要比淡水强上百倍，但是仍然不及银的百万分之一。

哪种元素的密度最大

要么是锇(Os)，要么是铱(Ir)，取决于你的测量方法。

这两种金属的密度极为接近，多年来，"密度之最"的桂冠在两者间几度易主。仅次于锇、铱的高密度的元素是铂(Pt)，接下来是铼(Re)、镎(Np)、钚(Pu)、金(Au)、铅(Pb)、铅元素的密度只有锇元素或铱元素密度的一半。

锇(Os)是一种非常稀有的金属，异常坚硬，颜色为银蓝色。锇在1803年和铱元素一起被英国化学家坦南特(Smithson Tennant)发现。

坦南特是英国里士满人，他是位社区牧师的儿子，也是第一位指出钻石是纯碳结晶体的人。

锇的得名源自"osme"，希腊语中气味的意思。锇能够放射出剧毒的四氧化锇气体，这种气体具有刺鼻的气味，能够对人体的肺部、皮肤和眼睛造成伤害，而且还会引发剧烈的头痛。四氧化锇蒸气能够和手指上残留的微量油痕产生反应，形成黑色沉淀，因此可用于打印指纹。

锇有着异乎寻常的硬度和耐腐蚀性，可用于制造留声机唱针、罗盘针和自来水笔的笔尖。

锇元素的熔点达到了惊人的3054℃。1879年，奥尔(Karl Auer)研制了一种锇灯丝的灯泡作为对爱迪生竹丝灯泡的改进。后来锇被熔点更高(3407℃)的钨丝代替。1906年，"欧司朗"的名字被奥尔注册，这个名称来自于锇(Osmium)德语中的"钨元素"(WolfRam)。

在全球范围内，锇的年产量还不到100千克。

铱元素(Ir)是一种黄白色的金属，和锇一样，和铂关系十分密切。铱来自于希腊语"iris"，意思是彩虹，因为它的化合物都表现出多种颜色。

铱同样具有很高的熔点(2446℃)，通常被用来制造铸造金属的坩埚和硬化铂。

铱是地球上最稀有的元素之一，92 种元素中，铱的排名在第 84 位，但是在 6500 万年前，中生代白垩纪和新生代第三纪的分界地质层中发现了大量的铱。

地质学家认为铱元素可能来自太空——这也为解释恐龙灭绝的"陨星碰撞说"理论提供了些许支持。

钻石是如何形成的

所有的钻石都是在高温高压的地壳深处形成的，又经火山喷发带至地表。

它们在地下 160—480 千米处形成。大部分钻石被发现位于一种称作"金伯利岩"的火山岩中，这种岩石的埋藏之地火山运动仍旧频繁。其他被松散发现的钻石，都是从原来的金伯利岩中分离出来的。

地球上有 20 个国家出产钻石。南非是继澳大利亚、刚果民主共和国、博茨瓦纳和俄罗斯之后的第五大钻石出产国。

钻石由碳组成，石墨也是，铅笔芯用的就是石墨，但是钻石与石墨的原子内部排列并不相同。钻石是地球上最硬的物质之一，莫氏硬度值为 10，而石墨是地球上最软的物质之一，莫氏硬度值为 1.5，只比滑石粉硬一些。

目前已知最大的钻石直径有 4000 千米，重达 10^{34} 克拉。这颗钻石"镶嵌"在位于澳大利亚正上方的天马星座的"露西"星中，距离地球 8 光年。

"露西"这个昵称来自于甲壳虫乐队经典之作《露西戴着钻石飘浮在空中》(Lucy in the sky with diamonds)，而它的学名是白矮星 BPM_{37093}。甲壳虫乐队的这首歌以列侬(John Lennon)的儿子朱利安(Julian)的一幅画命名，这幅画画的是他的一个 4 岁的朋友——露西·理查森(Lucy Richardson)。

钻石曾经是地球上最为坚硬的物质。然后，就在 2005 年 8 月，德国科学家成功地在实验室中合成出一种比钻石更为坚硬的物质，并取名为"碳纳米聚合物"(ACNR)，它通过压缩超强碳分子并将其加热到 2226℃制成。

这种分子有 60 个原子，它们交织连接在一起，形成由五边形和六边形组成的微小足球形状。这种纳米聚合物强度极大，可很容易地切割钻石。

我们怎样度量地震强度

我们一般使用瞬时震级法。

在过去 10 年中,传统的里氏震级法已经被瞬时震级法所替代。

瞬时震级法是 1979 年由美国加利福尼亚理工学院的地震学家金森广雄(Hiroo Kanamori)教授和汉克斯(Tom Hanks)(和著名好莱坞影星没有亲属关系)所创立的,他们不满足于里氏震级法只能度量地震波的强度,而不能全面反映地震所造成的破坏。里氏震级里大地震的震级相差无几,但实际上造成的破坏却可以差异很大。

里氏震级法是在距离震中 600 千米外的地区来测量地震波或震动波的强度。这种方法是 1935 年由里克特(Charles Richter)创立的,与金森广雄和汉克斯一样,他也是一位加州理工学院的地震学家。他和第一个准确测量地球半径的古登堡(Beno Gutenberg)共同发展了这套方法。1960 年,古登堡因流感去世,他没能活到亲自测量 4 个月后在智利发生的里氏 9.5 级的大地震——这次地震是有记录以来最大的一次地震。

相比之下,瞬时震级法着力于描述地震中释放出来的能量。这种方法把地震时两个断层发生错位的距离和受到地震影响的面积相乘,设计这种方法是为了评估和解释相对于里氏震级法的当量。

瞬时震级法和里氏震级法都是呈对数递增的:震级增加 2 级意味着地震强度增加 100 倍。一颗手榴弹爆炸时的强度相当于里氏 0.5 级,长崎原子弹爆炸的强度则是里氏 5 级。瞬时震级法只适用于里氏震级超过 3.5 的大地震。

根据美国地质勘探局的数字显示,1811—1812 年发生在一个不知名的密西西比河谷的一次地震,遭地震破坏的面积超过 60 万平方千米,有震感的地区为 500 万平方千米,是目前已知的北美最大的地震。这次地震还形成了一个新的湖泊,改变了密西西比河的整体流向,这次地震中震感强烈的地区要比近一个世纪后 1906 年的旧金山大地震强 10 倍。受地震影响,教堂钟声一直传到遥远的马萨诸塞州。

现在还不能预测何时会发生地震。一位专家调侃地说,预测地震最好的方法是统计报纸上寻猫寻狗的启示。

英国每年会发生 300 多次地震,而这些地震一般都很弱,其中只有 10%会有震感。

地球上哪种物质的存量最丰富

a）氧

b）碳

c）氮

d）水

以上都不是，答案是钙钛矿，一种镁、硅和氧组成的化合物。

钙钛矿的质量占地球总质量的一半。有科学家称，地球的地幔大部分由钙钛矿石组成。这仅仅是一种推测，迄今还没人可以得到样本来证明这一观点。

钙钛矿是一类矿物家族，1839 年，以俄国矿物学家佩罗夫斯基（Count Lev Perovski）的名字命名。它们将有可能成为研究超导的"圣杯"———一种在常温下可导电且电阻为零的材料。

如果这是真的话，整个世界将会充斥着悬浮列车和令人难以想象的超级计算机。目前，超导现象只有在困难的超低温度条件下才存在，目前已知的最高超导转变温度为–135℃。

除了钙钛矿，地幔中还含有镁铁榴石（一种氧化镁类矿石，陨石中亦含有此矿石），以及少量的"shistovite"（一种变质水层岩，以莫斯科大学的一名研究生西斯托夫（Lev Shistov）的名字命名，1959 年，他在自己的实验室中合成了一种高压相的新型二氧化硅）。

地球的地幔处于地壳和地核之间，通常我们认为它是固体，而一些科学家认为它事实上是缓慢流动的液体。

我们如何得知地幔的成分呢？即使是从火山喷发出来的岩浆也只是来自地表下 200 千米处，而地幔则在地表下 660 千米。

通过向地下发射地震波，并记录地震波受到的阻力，可估测地球内部的密度和温度。

　　这样就可以与我们知道的来自地壳和陨石的矿石的结构相比较，还能知晓这些矿物在高温高压下是怎样形成的。

　　然而，正如科学上的许多理论那样，这也只是一个有科学依据的猜测。

月球是什么气味的

一股子呛鼻的火药味。

只有 12 个人登上过月球,而且他们都是美国人。很显然,在密闭的太空服里,航天员不可能闻到月球的气味,但月球上的尘埃具有粘附性,当宇航员从月球表面返回时,大量的月球尘埃就被带回了太空舱。

他们报告说,月球尘埃摸上去像雪,闻上去有火药味,味道尝起来还不坏。这些月球尘埃的主要成分实际上是撞击到月球表面的流星产生的二氧化硅(类似玻璃的物质),同时也包含了一些矿物质,像铁、钙以及镁。

美国国家航空航天局(NASA)设置了一个专门小组负责仔细检查待飞航天器的每一个小零件,这样做的目的是为了保证不产生影响国际空间站内微妙的气候平衡的因素。

"月球由奶酪组成"的观点似乎是起源于 16 世纪。海伍德(John Heywood)的作品《箴言》(*Proverbs*)第一次出现了这个观点,"月球是格林奶酪做成的"。在此文中,"格林(greene)"的意思是新鲜的、刚刚做好的,而不是指绿色,因为新鲜奶酪的外表通常有些许斑点,就像坑坑洼洼的月球表面。

原子的内部有什么

原子内部大部分是空空如也。

为了形象地描述原子内部结构,我们可以做这样一个设想,把一个原子比作是国际标准运动场,那么电子就位于看台的最高一排,每个电子比一个针头还要小,而原子核则位于运动场的正中央,大小和豌豆差不多。

几个世纪以来,原子都被认为是理论上最小的不能再分的物质单位,因此,它的名字是"atom",在希腊语中的意思是"不可分割"。

然而,到了 1897 年,电子被发现,接着 1911 年又发现了原子核,原来原子是可以分割的,最后到了 1932 年,又发现了中子。

这绝对不是最后的终结。人们接着发现,原子核内带正电的质子和不带电的中子,是由更小的元素组成的。

更小的单位我们称为夸克,例如"奇异夸克"和"魅夸克",名称的不同不是基于它们不同的形状和大小,而是基于不同的"味"。

原子核内带负电的电子其行为十分诡异,因此称其为电子已不合适,后来它们被重新定名为"概率密度荷"。

1950 年代,超过 100 种亚原子粒子被发现,这样,事情就变得棘手起来,无论是什么物质,人们都无法探寻出其本源。

意大利物理学家费米(Enrico Fermi)曾开玩笑说,"如果我能记住所有这些粒子的名称,那我就成植物学家了。"费米由于在核反应堆方面的工作而获得了 1938 年的诺贝尔物理学奖。

自从费米的时代以来,科学家们认定了原子的内部有 24 种更为基本的粒子,这个完美的猜想就是所谓的"标准模型",这个模型使我们对所见的事物有很好的了解。

一般而言,我们所知的宇宙和原子一样,也是空荡荡的。每立方米的空间内平均只有 2 个原子。

通常是引力作用使原子聚集在一起,然后,同样不可思议地形成了恒星、行星和星座。

斯蒂芬:如果把质子比作图钉的话,那么电子就是图钉尖,而两者相距有 1000 米之远。

杰里米·哈代:是的,如果我把菠萝顶在我的头上,我看上去就像是像卡门·米兰达,但我又不是他。

空气的主要成分是什么

a) 氧气

b) 二氧化碳

c) 氢气

d) 氮气

答案是氮气。12 岁的小朋友都知道,氮气最多,空气中 78%为氮气。氧气的占有量不到 21%,而二氧化碳更少,只有约 0.03%。

空气中,氮气的高比例是地球形成之时火山爆发的结果。大量的氮气从地下释放到大气中。因为比氢气或氦气重,所以氮气在形成之初就停留在更接近地表的位置。

一个体重 76 千克的人体内的含氮量差不多就有 1 千克。

硝石是硝酸钠或硝酸钾的旧称。它是火药的关键成分,也可以用来熏制肉食,做冰激凌的防腐剂和加入牙膏中作为针对敏感牙齿的麻醉剂。

几百年来,硝石最丰富的来源是有机覆盖物,这些有机物渗透入人类房屋下的土壤中。1601 年,美国国会提交了一份对硝石采矿者的限制性措施,这些采矿者闯入民宅,甚至教堂,砸开地板,挖取其中的硝石出售,用来制作火药。

氮这个单词在希腊语中的意思是形成硝石的元素。压力拉环的罐装啤酒里面充的是氮气,而不是二氧化碳。少量的氮气泡沫能够使你的头发柔软顺滑。

空气中另一个重要的气体是氩气(含量为 1%)。

瑞利勋爵斯特拉特(William John Strutt)最先发现了氩气,他也是第一个解释了天空为什么是蓝色的人。

呼吸臭氧的最佳场所是哪儿

海边就不用去了。

19世纪人们狂热信仰海边空气有利于健康的说法,这居然出自一个很大的误解。其实凉爽的略带咸涩的海边空气,与不稳定、危险的臭氧根本没有关系。

德国化学家舍恩拜因(Christian Schöubein)在1840年发现了臭氧。他在研究了电器周围残留的怪味时发现了这种新的气体,化学式是O_3,并根据希腊语"嗅",取名为臭氧。

臭氧或者"刺鼻的空气"很受医学家们的钟爱,因此这些医学家深受瘴气理论的影响,认为身体的疾病源于难闻的味道。他们认为臭氧能够清除肺里有害的气体,而且海边是获得臭氧的最佳场所。

围绕着"臭氧疗法",兴起了"臭氧酒店"这个新兴产业(今天在澳大利亚还有旅馆叫这个名字)。直到1939年,布莱克浦(英国海边城市)还以拥有英国"最健康的臭氧"而闻名。

今天,我们知道海边的气味不是臭氧的味道,而是腐烂的海藻发出的气味。现在还没有证据表明这种气味对身体有益还是有害(该气味的主要成分是硫的化合物)。这种味道只不过使你的大脑产生美好的联想,让你回想起幸福快乐的童年时光。

至于臭氧,当汽车的尾气接触到太阳光后会产生比海边更多的臭氧,如果你想给你的肺换换气,最好的方法或许是把你的嘴对准汽车的排气管。当然你绝对不应该这么做,这除了会对你的肺造成无法挽回的损伤,还会灼烧你的嘴唇。

臭氧现在被广泛用于漂白饮用水,灭杀饮用水中的细菌,其毒性要小于氯。高压电器设备,像电视机和复印机也能产生臭氧。

有些树木,比如橡树和柳树,也能释放出臭氧,但这些臭氧对附近的植物有害。

地球上空保护着地球免遭紫外线辐射伤害的臭氧层在不断变薄,它如果消失,那将是致命的。臭氧层距离地表有 24 千米,闻上去有淡淡的天竺葵味道。

尼古丁是什么颜色的

如果你说黄色或棕色，那就应站到边上反省一下。事实上尼古丁是没有颜色的。

尼古丁存在于所有茄属植物中，包括烟草、龙葵、番茄、马铃薯、茄子和红辣椒等。理论上，香烟可以用马铃薯叶或番茄叶制成。现在一些帮助"瘾君子"戒烟的方案中，就有为了消除微量尼古丁的摄入，而建议停止食用马铃薯和番茄。

制作可卡因的植物花椰菜和古柯叶中也含有尼古丁。

小剂量的尼古丁与许多植物中都存在的茄碱结合，会使大脑中的激素多巴胺分泌旺盛，让人产生一种愉悦感。这就是为什么烟草要比可卡因或海洛因更加使人上瘾，也是我们为什么有时特别想吃薯条和披萨。茄碱会刺激肾上腺素生成，引起血压高、心率加速、血糖增加，最后导致欣快症和警觉症。

大剂量茄碱和尼古丁的致命性与其他茄属植物的不相上下。番茄叶能够制成强效杀虫剂。一支烟里的尼古丁，如果直接注入人体血液，就会致命。把一根烟吃下去就能使你得重病，吞10根则直接命丧黄泉。1976年美国公共卫生署强烈建议准妈妈们在削马铃薯皮时戴上橡胶手套，一次性吃下超过1000克的马铃薯绝对会致其死亡。

对于瘾君子们来说，幸运的是，绝大部分的尼古丁在被吸入肺部之前就已经燃尽。另一个好消息是，尼古丁不会残留在你的手指、牙齿上，更别说是酒店的天花板上了。尼古丁不仅无色而且可溶于水，洗手就可以洗去。残留在手上的污渍其实是焦油。

烟草（tobacco）的学名称为"*Nicotiana tabacum*"。这个名字和尼古丁

(nicotine)这个词都取自法国驻葡萄牙里斯本的大使尼科特(Jean Nicot)的名字,这位大使在1560年把烟草带到了法国。最初,尼科特想用它来提炼治愈伤患和治疗癌症的药品,但是后来它被用作鼻烟的原料献给了法兰西皇后美第奇 (Catherine de Medici),使她激动的是尼古丁治愈了她的偏头痛,她决定将其定名为"皇后香草"。

纯尼古丁是我们所知的最致命的毒药之一,毒性是马钱子碱的1.5倍,砒霜的3倍。烟草中存在4000多种包括砒霜在内的化学成分,其中200多种是致癌物质,包括甲醛(用来保存尸体),丙酮(指甲油的主要成分),镉(用于生产电池)和氰化氢(纳粹集中营里的杀人毒气)。

光的传播速度是多少

这得视情况而定。

人们通常认为光速是恒定的,但事实并非如此。只有在真空中光的传播速度才能达到最大的 300 000 千米/秒。

在其他介质中,光速差别很大,通常要比我们知道的光速度慢得多。例如, 光在钻石中传播时, 其速度还不及在真空中的一半, 只有 130 000 千米/秒。

迄今为止,最慢的光速是在 $-272℃$ 的钠中测得的,只有 60 千米/时,这比优秀自行车手的速度还要慢。

2000 年,哈佛大学的科研小组把铷原子的玻色—爱因斯坦凝聚体作为介质,成功地让光停了下来。

铷是本生(Robert Bunsen)发现的, 但以他的名字命名的本生灯却不是他的发明。

令人惊奇的是,光其实是不可见的。

你看不见光的本身,你只能看见它所遇到的介质。真空中的一束光线,你是看不见的。

尽管这有点古怪,但却是合理的。如果光本身是可见的话,就会在你的眼前形成一团雾。

黑暗同样很奇怪,它不在,但你无法透过它看到什么。

我们用什么在黑板上写字

石膏。

学校里的"粉笔"的成分不是白垩。白垩的成分是碳酸钙，和珊瑚、石灰石、大理石、人类和鱼类的骨架、目镜、水壶里的水垢以及治疗消化不良的药丸伦尼、赛特勒和土姆中的成分一样。

生石膏的成分是硫酸钙。也许你认为这种区别太微弱了，但是，尽管两者看上去很相似，实际上它们非常不同。它们甚至不是由同一种化学成分组成的。

许多看上去非常不同的物质实际上是由完全一样的化学成分组成的。把碳、氢和氧，以不同的比例结合在一起时，它们构成的物质截然不同，如睾丸素、香草、阿司匹林、胆固醇、葡萄糖、醋以及酒精。

石膏在技术上被称为二水硫酸钙，它是世界上储量最丰富的矿物质之一。石膏的开采历史至少有 4000 年，金字塔内部的灰泥就是由石膏制成的。今天，石膏仍然在工业生产中被广泛地使用着，最为常见的用法就是普通的建筑灰泥。

大约 75% 的石膏都被用来制成灰泥和糊墙纸板、瓷砖和熟石膏这样的产品。石膏是水泥中重要的成分，还被用于生产化肥、纸张和纺织品。一个典型的美国式房子所含的石膏超过了 7 吨。

熟石膏之所以叫巴黎灰泥，是因为巴黎市内以及周围的土壤中含有大量的石膏，尤其在蒙马特尔。

石膏也会以雪花石膏的自然状态出现。雪花石膏是一种雪白色的、半透明的物质，用来制作全身雕像、半身雕像和花瓶。

雪花石膏可以染成各种颜色，加热后可以制成类似大理石的东西。人们一直认为,粉状的雪花石膏制成软膏可以治疗受伤的腿部。人们常常从教堂雕像上刮下石膏来制作软膏。

　　讽刺的是,"石膏"这个词来自于希腊语,意为"白垩"。

斯蒂芬:为什么它叫做"巴黎的灰泥"? 有什么含义吗?

安迪:一个打入市场的名字。

斯蒂芬:他们用布伦特福德的灰泥做了实验,灰尘不会扬起。

灰姑娘的水晶鞋是水晶做的吗

它是松鼠的皮毛制成的。

我们最熟悉的灰姑娘的故事版本是法国诗人兼作家佩罗(Charles Per-rault)在17世纪写的。他把这个借用的中世纪故事中的"vair"(松鼠皮毛)一词听错了,将错就错地改成了听上去更令人熟悉的"verre"(玻璃)。

灰姑娘是一个既古老又广为流传的故事。中国最早的一个版本可以追溯到公元9世纪。在佩罗的故事出现之前,还有340多个其他的版本。早期版本中没有一个提到过玻璃鞋。在中国的版本中,鞋子是用金丝织成的,鞋底是纯金的。在苏格兰的版本中,鞋子是用灯芯草做的。在中世纪法国的故事版本(就是后来佩罗改编的那个)中,鞋子是用松鼠皮毛做的。

有一种说法是,松鼠皮毛和玻璃混淆的错误在佩罗之前就出现了,他只不过是重复了一遍。还有人认为,玻璃鞋是佩罗自己的想法,是他蓄谋已久的。

《牛津英语词典》的定义是:至少从公元1300年以来在英语和法语使用的"vair"一词,词源来自拉丁语"varius"(色彩斑驳的),指的是一种"广泛用于装饰或衣服衬里"的松鼠皮毛。

Snope网站(一个搜索引擎网站,http://www.snopes.com)认为,佩罗不会把"vair"错听成"verre",因为"vair"一词在他生活的年代"已经不再使用了"。这种说法值得怀疑,因为这个词至少在1864年前都是一直使用的。

佩罗出身巴黎上层社会,后来当选为法兰西学院的院长。他写的《鹅妈妈的故事》(Tales of Mother Goose)原来是为宫廷娱乐所编写,出版时是以他17岁儿子的名字署名的。故事出版后立即大获成功,并且开创了一个新的文学种类:童话故事。除了《灰姑娘》之外,他还有一些著名的经典故事比如《睡美人》(*Sleeping Beauty*)、《小红帽》(*Little Red Riding Hood*)、《蓝胡子》(*Blue beard*)和《穿靴子的猫》(*Puss-in-Boots*)。

除了为《灰姑娘》的内容加以润色外(增加了老鼠、南瓜和仙女教母等角色),佩罗还削减了其中的血腥成分。在中世纪的版本中,丑陋的姐姐们为了能穿上水晶鞋竟然砍掉了自己的脚趾, 而当王子和灰姑娘结婚之后,王子为了给灰姑娘报仇,就命令姐姐们和恶继母穿上烧红的铁靴一直跳舞到累死。许多这类血腥部分之后又被格林兄弟重新采用了。

弗罗伊德(Freud)在《对性理论的三个贡献》(*Three Contributions to The Theory of Sex*)中说,鞋子象征了女性生殖器官。

斯蒂芬:丑陋的姐姐们为了穿上水晶鞋,竟砍掉了自己的脚趾,她们把脚挤进了鞋子,水晶鞋上血迹斑斑。

乔:她们也许是从特里尼和苏珊娜那里得到了启发……

啃铅笔头会铅中毒吗

铅笔中不含有害物质，虽然你会被告诫不要这样做。

铅笔中从来都不含铅。铅笔里的是石墨，它是纯碳的六种形态之一。石墨和铅笔的木质外衣一样，没什么毒性。现在甚至涂料都是无铅的。

铅笔之所以这样命名，是因为古代人们曾使用金属铅棒制成的类似铅笔来书写，这种方法沿用了 2000 多年，纸莎草文稿和文件都有记载。

迄今为止，唯一一个纯固体石墨矿是 1564 年于英国坎布里亚郡的巴罗代尔市偶然发现的露天矿。当时，该矿被严格的法律和武装卫兵所保护，且一年只能开发 6 周的时间。

这种矿中开采出的"黑铅"被进一步切成小细条，制成了第一批铅笔。英国产的这种铅笔在欧洲非常畅销。据载，铅笔的第一位使用者是瑞士博物学者格斯纳(Konrad Gessner)，时间是 1565 年。

《瓦尔登湖》(*Walden*)的作者梭罗(Henry David Thoreau)曾将石墨和黏土放在一起燃烧，进而首次成功制造了现在的铅笔芯。但是铅笔制造在 1827 年才有了突破性的发展，来自美国马萨诸塞州塞勒姆的狄克逊(Joseph Dixon)引进了一种可大规模生产石墨笔芯的机器，这种机器每分钟可生产出 132 枝铅笔。

到了 1869 年狄克逊去世时，他创立的约瑟夫·狄克逊公司已经成为铅笔制造业的龙头老大，日产量在 8.6 万枝。如今，该公司（已更名为狄克逊·提康德罗加公司）仍是世界上主要的铅笔生产商之一。

达尔(Roald Dahl)的所有作品都是用黄色的狄克逊·提康德罗加 2 号

铅笔写成的。传统的黄色铅笔要追溯到 1890 年，当哈德马斯(Josef Hard-muth)在他的布拉格工厂中生产出了第一枝铅笔时，把该铅笔以维多利亚女王著名的黄色钻石(科依诺尔钻石)来命名。其他的铅笔生产商也纷纷效仿。在北美，75%的铅笔都是黄色的。

普通的铅笔一般可以削 17 次左右，并可书写 4.5 万个字，或者说可以画出一条长达 56 千米的线段。

用来固定铅笔顶端橡皮的东西称为"金属箍"，该专利在 1858 年申请获得批准，但它在校园内却不怎么受欢迎——老师认为它们助长了学生的惰性。

大部分铅笔上的"橡皮"实际上是植物油做的，里面用极少量的橡胶起粘合作用。

第五部分

低头难晓地有多广

地球上最干旱的地区在哪里

答案是南极洲。这个大陆的许多地区,已经有 200 多万年没有降水了。

严格意义上讲,沙漠的定义是指一个年降水量少于 254 毫米的干燥荒芜的地区。

撒哈拉沙漠每年的降水量差不多只有 25 毫米。

南极洲年均降水量和撒哈拉沙漠差不多,但是有一块面积为其 2%的地区,是著名的干谷,那里没有冰雪,也从不降水。

世界上第二干旱的地区在智利的阿塔卡马沙漠,那儿的一些地区,甚至已经有 400 年没有出现过降水,而且阿塔卡马沙漠的年均降水量只有少得可怜的 0.1 毫米。这使得它成为全球范围内最干旱的沙漠,其干旱程度是撒哈拉沙漠的 250 倍。

南极洲除了是地球上最干旱的地区外,还称得
上是"湿极"和"风库"。地球上 70%的淡水资源以冰川的形式储藏于南极。它还保有最大风速的纪录。

南极洲干谷的独特环境是因一种下沉风(kata-batic,这个词来自希腊语,意思是下沉)而形成的。寒冷且密度大的气流受到地球引力沿山坡快速向下运动形成了下沉风, 其风速能达到 320 千米/时,几乎能迅速脱干包括水、冰、雪等任何湿气。

具讽刺意味的是,在南极洲这个荒漠中,完全干旱的地区却被称作"绿洲"。因为与火星上的环境极其类似,所以美国国家航空航天局(NASA)在那里试验火星探测项目"海盗计划"。

斯蒂芬:位于南极洲的干谷。终年不见冰雪,而且 200 多万年以来没有下过雨。所以它把第二名部分地区 400 年没有降水记录的阿塔卡马沙漠甩开很远。相比之下,撒哈拉沙漠则葱翠得多。

艾伦:醉汉?(Lush 有几层含义,可以理解为葱翠,作为名词也有醉汉的意思。)

斯蒂芬:我知道,你就是个醉汉。

哪里是最有可能遭遇冰雹袭击的地区

答案是非洲,肯尼亚的西部高地。

根据每年的暴雨量来看,肯尼亚的凯里乔(东经 35°19′、南纬 0°22′)下冰雹的概率大于地球上其他任何地方。因为那里每年有 132 天会有冰雹来袭,相比之下,英国平均每年只有 15 天雹日,而美国遭受冰雹破坏最严重的地区,莫过于东部落基山脉地区,那里每年要经受平均 45 天的雹日。

人们至今还没有彻底弄明白,是什么原因造成了如此大量的冰雹。凯里乔是肯尼亚的茶叶种植之乡,1978 年的一份研究数据表明,茶树的有机废弃物扩散到空气中,充当了冰雹生成的凝结核。

另一种理论认为,可能是该地区高海拔的地形地貌,造成大团暖湿气流的迅速抬升凝结。与此同时,高海拔缩短了海平面向上 3 英里①到达冰点的理论高度,也降低了冰雹融化的可能性。

冰雹的截面平均宽 $\frac{1}{4}$ 英寸,但是它也会长大到足以砸陷汽车,毁坏温室大棚,甚至砸伤人类。

有记录以来的最大的一颗冰雹,直径有 7 英寸,周长有 18.75 英寸,近 1 磅重。2003 年的 6 月,这颗冰雹落在美国内布拉斯加州奥罗拉市的一所房子的后院中。这颗冰雹远远超出了美国用来描述冰雹大小的评级系统,从豌豆级、樟脑丸级、核桃级、茶杯级到垒球级,这颗冰雹更酷似一个"小个头"的西瓜,以每小时 100 英里的速度砸向地面。

冰雹造成美国每年 10 亿美元的农业和财产损失。1984 年 7 月的一个下午,德国慕尼黑遭到一场严重的雹暴袭击,森林、建筑、汽车的累计损失

---

① 英制长度单位,1 英里相当于 1609.344 米。——译者

达数十亿美元。树皮都被砸烂，庄稼几乎全毁。超过 70 000 幢建筑和 250 000 辆汽车被损坏，另有 400 多人被冰雹砸伤。

然而，世界上最严重的冰雹灾害发生在 1986 年 4 月 14 日的孟加拉国戈巴尔甘杰地区，有些冰雹个体重达 2 磅。在这次雹暴中至少造成 92 人丧生。

最高的山峰在哪里

答案是在火星上。

火星上巨大无比的奥林匹斯火山是迄今为止太阳系中和人类已知的宇宙内最高的高山，它的高度为 22 千米，火山底部直径达 624 千米，其高度几乎是地球上珠穆朗玛峰的 3 倍，宽度居然能够覆盖整个美国的亚利桑那州，抑或相当于英伦三岛的面积。火山口直径达到 72 千米，深约 3 千米，容纳伦敦还绰绰有余。

奥林匹斯火山颠覆了人们传统观念上对山的印象。它的山顶平坦——像一片海水被抽后留下的平坦而无边无际的海底高原。它的山坡也不甚陡峭。1—3°的微小坡度意味着你不出汗就可轻而易举地爬上山顶。

传统上，我们描述一座山峰时，总是讲它有多高。如果我们衡量整个山脉的大小的话，孤立地测量一座山峰，就会毫无意义。所以，在长达 2400 千米的庞大的喜马拉雅—喀喇昆仑—兴都库什—帕米尔山脉的一部分——珠穆朗玛峰面前，奥林匹斯火山就是个侏儒。

地球上最高的山峰是哪座

答案是冒纳凯阿火山，夏威夷岛上的最高点。

这座休眠火山的海拔只有 4206 米，但如果从海床开始测量，直至山顶，其高度就有惊人的 10 200 米，比珠穆朗玛峰还高约 1350 米。

通常我们谈论山峰时，流行的词汇中"highest"一般指的是海拔高度，是从海平面到山顶的垂直距离；而"tallest"一般指的是山体高度，是从山脚到山顶的垂直距离。

所以，海拔 8848 米的珠穆朗玛峰是世界上海拔高度最高的，却不是山体高度最高的。

测量山峰比我们看上去要棘手得多。我们能很容易找到一座山峰的山顶，但是山脚在哪里，却没那么容易找到。

例如，坦桑尼亚的乞力马扎罗山海拔 5895 米，有些人认为它比珠穆朗玛峰高，因为它直接从非洲平原上拔地而起，而珠穆朗玛峰只是喜马拉雅山脉无数山峰中的一座，与其他 13 座世界级最高峰一起组成了喜玛拉雅山脉。

还有一些人声称，最符合逻辑的测量高度应当是从山顶到地心的距离。

因为地球的形状，不是一个完美规则的球体，它的形状略扁。赤道的半径大约比两极的半径长 21 千米。

这对于那些非常靠近赤道的山峰来说是一个树立口碑的好消息，比如安第斯山脉的钦博拉索山，但是，这也同时意味着，厄瓜多尔的海滩竟然比喜马拉雅山还要高。

喜马拉雅山脉虽然非常庞大，但是它却惊人的年轻。它形成的时候，恐龙已经灭绝了 2500 万年。

　　在尼泊尔,珠穆朗玛峰的意思是"宇宙之母"。在西藏,它被称作萨加玛塔,意思是"天空的前额"。珠穆朗玛就好像一个健康的青年,它还在以每年 4 毫米的平稳速率"健康成长"。

　　艾伦:你知道吗,在众多珠穆朗玛峰的登山者中,不幸遇难者就占了 $\frac{1}{8}$。

　　菲尔:所以,当你组织队伍准备去攀登珠穆朗玛峰的时候,那么⋯⋯如果你的队伍就只有 7 个人, 那就带上一个你不喜欢的人, 有哮喘就更好了⋯⋯诱发他的哮喘⋯⋯你懂的。

肉眼能够看见多少个星系

5000 个？200 万个？100 亿个？

答案是 4 个——不过也许从你所处的位置只能看到 2 个，其中之一就是银河系（我们所在的星系）。

宇宙中有超过 1000 多亿个星系，每个星系里有 100 亿到 1000 亿颗恒星。但遗憾的是，在地球上我们用肉眼只能看到 4 个星系，而且一次只能看到一半（南北半球各看到 2 个）。在北半球你能够看到银河系和仙女座大星系（M31），在南半球你则能看到大小麦哲伦星系。

一些视力非常好的人声称能够看到 3 个以上的星系：三角座中的 M33，大熊座中的 M81 和长蛇座中的 M83，但这很难证实。

肉眼能够看到多少颗恒星并没有一个确切的数字，但是几乎每个人都同意的是这个数字少于 10000。许多业余天文软件使用相同的数据库，列出了 9600 颗"肉眼可见"的恒星。但是没有人真正相信这个数字，至于其他的估算，则从 3000 颗以下到 8000 颗不等。

过去人们常说，苏联电影院的数量（大约 5200 个）要比夜空中可见的星星还要多。

在一个加拿大的网站（http://www.starregistry.ca）上，你只要花上 98 加元，你就能够根据你或者你朋友的喜好命名一颗恒星；如果花 175 加元，你还能获得一个带框的认证证书。这个网站列出了肉眼可见的 2873 颗恒星。不过你花钱起的名字都是无效的，因为这些恒星早已在历史或者科学上有了名字。

在月球上能看见地球上的什么建筑物

　　如果你的答案是万里长城,哈,扣 10 分。

　　在月球上,用肉眼根本是看不到地球上任何人造建筑物的。

　　尽管长城是"从月球上唯一能够看得见的人类建筑"这一观念已经深入人心,但是这是混淆"月球"和"太空"概念的结果。

　　"太空"其实离地球很近。从地球表面开始 100 千米以上都是太空。在那个高度,很多人类建筑都是可见的:高速公路,海上的船只,铁路,城市,农田,甚至是一些单独的建筑物。

　　然而,在离开地球表面仅仅几千千米的高度上,就根本看不见任何人类建筑了,更别提在离地球超过 400 000 千米远的月球上,甚至连大陆都几乎看不见。

　　不管"Trivial Pursuit"(打破沙锅问到底)这款问答游戏会给你别的什么选择,但是如果你选择"只能"看见中国的万里长城这个选项,就没分。

是地球绕着月球转,还是月球绕着地球转

它们互相绕着对方转动。

两个天体绕着一个公共的质量中心转动,这个质量中心位于地球表面以下 1600 千米处。所以地球共有 3 种不同的旋转方式:绕自己的自转轴转动,绕太阳转动,还有就是绕着这个中心点转动。

是不是有点犯迷糊了?没错,即使牛顿也声称思考月球的运动时让他头痛。

地球有几颗卫星

至少有 7 颗。

当然月球是唯一能够精确观测到的绕地运转的天体,宇航员们称之为 Luna。但是还有 6 颗"近地"小行星也跟随者地球一起绕太阳转动,尽管我们的肉眼看不见它们。

第一颗被确认的"共轨道小天体"是一颗叫做克鲁特尼的卫星,以英国最早的一个凯尔特部落的名字命名的。它宽 3 英里,于 1997 年被发现。它的轨道是古怪的马蹄形的。

从那以后,人们又确认了 5 个这样的近地小行星,干脆利落地称为 $2000PH_5$,$2000WN_{10}$,$2002AA_{29}$,$2003YN_{107}$ 和 $2004GU_9$。

它们真的是地球的卫星吗?许多天文学家会说当然不是,但是它们的确与从地球身边一晃而过的小行星不同。像地球一样,它们也会花上差不多一年的时间绕太阳一圈,就好像是两辆赛车以相同的速度在不同跑道上行驶。时不时的,它们会非常接近地球并产生轻微的引力干扰。

所以不管你称它们是伪行星、类卫星,还是伴小行星,它们都是值得关注的,因为它们中的某些或是全部成员,有可能在未来逐渐形成规则的轨道模式。

斯蒂芬:从地球的卫星上,你能用肉眼看到什么样的人工建筑?

利奇:从哪一颗卫星上看?

太阳系中有多少颗行星

8 颗。如果你仍旧认为是 9 颗,显然你生活在与我们平行的太阳系中。

2006 年 8 月 24 日,第 26 届国际天文联合会全体会议上最后表决通过了对太阳系中"行星"的定义,认为太阳系的行星必须同时满足三个准则:它们必须绕着太阳转动,有足够大的质量来克服引力保持球形,同时所在的轨道范围内没有"邻居"。冥王星只满足前两条准则,最终它被降级为了"矮行星"。

这一准则并不完美,一些天文学家还争论说,地球、木星和海王星在其轨道范围内也是有邻居的, 但这确实解决了冥王星在太阳系中的尴尬位置。

在 1930 年发现之初,发现者就对冥王星的具体定位不甚清楚,当时把它归为海外天体,也就是位于海王星之外,在太阳系边缘的天体。

冥王星要比太阳系内的其他几颗行星都小得多, 质量是月球的 $\frac{1}{5}$,比其他行星的 7 颗卫星(月球、木卫一、木卫二、木卫三、木卫四、土卫六和海卫一)都要小,甚至它比自己的卫星——卡戎也大不了多少(2005 年又发现了冥王星的另外两颗更小的卫星——尼克斯和海德拉)。冥王星的轨道是偏心轨道,和其他八大行星不在同一个运行平面,而且它的物质组成也完全不同。

4 颗离太阳较近的行星都是中等大小,岩石结构;另外 4 颗行星都是气态巨行星。冥王星只是一颗很小的冰球,它只是处在太阳系边缘组成柯伊伯带的 60 000 多颗极小的、类彗星中的一颗。

所有这些小型天体(包括小行星、海外天体以及一些更加次级的天体)

都被统称为小行星。登记在册的小行星数量已经达到了 371 670 颗,而且每个月都有新的小行星被发现,数量在 5000 颗左右,估计还存在着超过 200 万颗直径超过 1000 米的类似天体。它们中大部分都太小而不可能被称为是行星,但是其中有 12 颗与冥王星不相上下。

2005 年发现的一颗编号为 2003UB$_{313}$ 的小行星,被命名为阋神星,事实上,它要比冥王星大。其他如赛德娜,奥克斯,夸欧尔也和冥王星的星体尺度相差不远。

现在冥王星、阋神星以及火—木小行星带中最大的谷神星,已经被官方正式命名为矮行星。

这种降格并非史无前例。谷神星身上也发生过类似冥王星的降格,1801 年它被发现的时候被称为第十大行星,到了 1850 年被降格为小行星。

在美国方言协会年度词汇的推选中,"Pluto"(冥王星)一词当选为 2006 年度最流行词语,推选理由是"to pluto"表示将某事物"降级"、"降格"。

艾伦:冥王星的确是非常、非常大,而且它绕着太阳转动。

比尔:是的,我的阿姨威尔玛也是如此。

斯蒂芬:不是的。它一点也不大,它很小。

比尔:那好吧,正是因为它小所以很晚才发现它。好了,争论到此为止,别太难为人家冥王星了……

怎样才能穿越小行星带

密切注意啦,不过你不太可能和这里面的天体相撞的。

与你在劣质科幻电影中看到的相撞的场景不同,小行星带其实是相当孤寂的地方。虽然与太空中其他地方相比也算繁华了,可是仍然是荒凉寥落。

一般来说,较大的小行星(能够对宇宙飞船带来损伤)之间的距离大约是 200 万千米。

尽管有些小行星集聚在一起(称为"小行星族",最近从大天体中脱落形成的),但是采取积极策略穿过这样的小行星带并不太难。事实上,如果你随机选择一条穿越路线,一路上能看到一颗小行星,你就已经很幸运了。

如果你真的遇上了一颗小行星,别忘了给它取个名字。

最近国际天文联合会组建了一个 15 人的小天体命名委员会,专门负责管理日益增多的小行星的名称。这项工作并不需要严肃对待,从最近的例子就可以看出:

(15887)号:Dave Clark(戴夫·克拉克);(14965)号:Bonk(邦克);(18932)号:Robinhood(罗宾汉);(69961)号:Millosevich(前南斯拉夫总统米洛舍维奇);(2829)号:Bob Hope(美国喜剧大师鲍勃·霍普);(7328)号:Sean Connery(美国影星肖恩·康纳利);(453)号:Tea(茶);(3904)号:Honda(本田);(9941)号:Iguanodon(禽龙);(9949)号:Brontosaurus(雷龙);(9778)号:Isabel Allende(智利小说家伊莎贝尔·阿连德)。(4479)号:Charlie Parker(美国歌星查理·帕克);(9007)号:James Bond(詹姆士·邦德);(39415)号:Jane Austen(英国小说家简·奥斯汀);(11548)号:Jerry Lewis(美国导演杰瑞·路易斯);(19367)号:Pink Floyd(美国乐队平克·弗洛伊德);(5878)号:Charlene(美国女歌手夏琳);(6042)号:Cheshirecat(柴郡猫);(4735)号:Gary(蛋白);(3742)号:Sunshine(阳光);(17458)号:Dick(白鲸);(1629)号:Pecker(啄木鸟);(821)号:Fanny(屁股)。

史密斯,琼斯,布朗和罗宾逊这些都是小行星的官方名称,还有 Bikki(比吉),Bus(公共汽车),Bok(伯克),Lick(利基),Kwee(有弹性提花带),Hippo(河马),MrSpock(史波克先生),Roddenberry(浆果)和 Swissair(瑞士航空公司)也是。

给小行星起古怪的名字不是最近才有的事。冥王星的名字是 1930 年由一个叫伯尼(Venetia Burney)的 11 岁牛津女学生给起的,她的祖父把她在早餐时的突发奇想告诉了他的好朋友,牛津大学的天文学系教授特纳(Herbert Hall Turner)。

小行星 $2003UB_{313}$ 最终可能会被定名为"鲁珀特",这个名字是亚当斯(Douglas Adams)在《银河系漫游指南》(*The Hitchhiker's Guide to the Galaxy*)一书中为第十大行星起的,但是世事无常,亚当斯在 2001 年突然去世,而就在他去世的前一天,小行星(18610)号被命名为阿瑟登特[1]。现在亚当斯也有了以自己的名字命名的小行星:(25924)号,道格拉斯·亚当斯星。

---

[1]《银河系漫游指南》中倒霉的男主角。——译者

闪电或小行星,哪种更能让人丧命

听起来有些荒唐,但是小行星让人丧命的概率是闪电的 2 倍。

据估计,一颗大点的小行星(在今天被称为"近地天体")每 100 万年会撞击地球一次。从统计学上说,撞击事件已"误点"很久。

这种"危险的"近地天体直径通常大于 2 千米。它们撞击地球时,爆炸释放的能量相当于 1 万亿吨 TNT 爆炸产生的威力。如果不幸发生撞击,死亡人数会超过 10 亿。这样算来, 你每年死于小行星撞击地球的概率为 $\frac{1}{6000\,000}$。

在英国, 个人每年死于闪电袭击的概率约为 $\frac{1}{10\,000\,000}$,与每年被猪鼻蛇咬死的概率大致相等。

闪电是一个巨大的电火花,它的亮度相当于 1 亿个灯泡同时打开和熄灭。有些闪电袭击可以达到 100 000 安培的峰值电流和 2 亿伏的电压,产生 30 000℃的高温。这个温度是太阳表面温度的 5 倍。闪电的传播速度最快可达到每秒 1 亿英尺,即超过 1.09 亿千米/时。

实际上每个 "闪电" 都是由数次闪击组成的, 每次闪击只持续 $\frac{1}{1000\,000}$ 秒。由于它们持续的时间非常短,因此闪电的能量值就受到了限制——一次闪击产生的能量仅够一个普通家庭生活一天。闪电每天要袭击地球超过 800 万次,大约每秒 50 次。

闪电在沿海地区最为频繁,平均每年每平方千米发生 2 次。它们在海面转瞬即逝,因而不会造成多大伤害。它们的到来很受鲸的欢迎,每当此时,鲸都会非常快乐地唱歌。

另一方面,人类实际遭受闪电袭击的次数是根据概率测试结果的 10 倍。

男性遭受闪电袭击的概率是女性的 6 倍。

每年有 3—6 个英国人和 100 个美国人被闪电击中致死,他们被闪电击中的大部分原因是随身携带着可导电的物体,比如说高尔夫球棍、碳纤维鱼竿和带钢丝的胸罩。

如果你被困在雷雨交加的野外,最安全的做法就是远离所有树木,蹲下,屁股朝天。

宇宙是什么颜色

a) 黑色中带着银色

b) 银色中带着黑色

c) 浅绿色

d) 米黄色

官方的说法是米黄色。

2002 年,在分析了由澳大利亚星系红移望远镜收集的 200 000 个星系的光线后,来自约翰霍普金斯大学的美国科学家们得出结论,认为宇宙是浅绿色的, 而并不是像我们看到的那样一片黑幕中镶嵌着点点晶莹的亮色。以醇酸树脂所制的色谱为参照的话,这种颜色介于墨西哥薄荷、碧玉翡翠和香格里拉丝绸之间。

然而,在美国天体学会公布这个结论几周后,他们不得不承认自己在计算中犯了个错误。宇宙实际上是一种沉闷的褐色。

自 17 世纪以来,一些最伟大、最富有好奇心的智者们就开始惊讶,为什么夜空是黑色的。如果宇宙是无限的并且包含无数分布均匀的星星,恒星应该无处不在,因而夜空也应该如同白昼一样明亮。

这就是德国天文学家奥伯斯(Heinrich Olbers)于 1826 年(并非首次)提出的"奥伯斯佯谬"。

迄今为止没有人能对此给出一个满意的答案。也许恒星的数量是有限的,也许来自最远星系的光还没有到达地球。奥伯斯的答案是,在过去的某段时间里,并不是所有的恒星都发光,直到有一天它们突然被点亮。

爱伦·坡(Edgar Allan Poe)在他的预言散文诗《我发现了》(Eureka)中,首次提出来自最远星星的光还在通向我们的途中的说法。

2003年,哈勃太空望远镜的超远视野照相机指向夜空中一片看上去空空如也的地区,并曝光了 100 万秒(约 11 天)。

最后的图片显示,在宇宙暗淡的边缘深处还有数以万计的人类未知的星系,它们每个都包含数十亿颗恒星。

杰里米·哈迪:宇宙的大小具有欺骗性,如果你是上帝,那么它看上去微不足道,但如果你只是身处宇宙中的人类,宇宙就大得无边无际了。

火星是什么颜色

是淡棕色,或者是棕色,或是橙色,也有可能是土黄色中带着点点的浅粉色。

火星最为人熟悉的特征之一就是它在夜空下展现的红色外表。然而,红色是由行星大气层中的尘埃所致。火星的表面告诉了我们另一个不一样的故事。

第一组火星表面的照片来自"海盗1号"探测器,这时距阿姆斯特朗(Neil Armstrong)著名的月球漫步已有7年之久。这些照片展示了一个遍布黑色岩石的荒凉红色大陆,和我们所期待的一模一样。

这引起了阴谋论者的怀疑:他们声称美国国家航空航天局故意修改了这些照片,以使人们看起来觉得更加令人熟悉。

1976年,两个"海盗号"探测器到达火星,但是它们的照相机还不能拍摄彩色照片。捕捉到的数字图片只是灰度图(黑白摄影的术语),然后经过三色滤镜。

调整三色滤镜来合成一个"真正的"彩色图片是很需技巧的,这简直是一种科学中艺术的创作。由于没有人去过火星,因此我们无从知道它"真正的"颜色。

2004年,《纽约时报》报道说,早期关于火星的彩色照片在公布时被轻微"过度红化"了,但是后来经过调整,表明火星的表面更像是淡棕色。

美国国家航空航天局的"勇气号"探测器已经在火星上工作了2年。它最新发回的照片显示了一个褐中带绿的土色陆地,以及灰蓝色的岩石和浅橙色的沙地。

也许直到有人真正抵达火星时,我们才会知道它"真实的"颜色。

1887 年,意大利天文学家夏帕雷利(Giovanni Schiaparelli)说他看见了火星上有条长长的直线。他把这称为"通道"。结果这个词被误译成了"运河",引发了火星上失落文明的传闻。

火星上存在水,它以蒸汽和极地冰冠的形式存在。但是自从人们发明了功能更为强大的望远镜后,仍然没有发现夏帕雷利的"通道"。

"Cario",或者"al-Qāhirah"是火星在阿拉伯语中的说法。

泰国的首都叫什么名字

泰国的首都叫共台甫。

共台甫是泰国首都常用的名称,意为"天使之城"(和美国洛杉矶的含义一样),它是正式名称的缩写,是世界上最长的地名。

只有不知道的外国人才将其称为曼谷,在泰国,200多年前就无人使用曼谷这个名字了。欧洲人(他们的大百科全书)还继续将泰国首都称为曼谷,这有点类似于泰国人坚持称英国首都为比林斯哥特或者温彻斯特。

共台甫(大致的发音)通常拼写为 Krung Thep。

曼谷原先只是一个小渔港,拉玛一世(King Rama Ⅰ)在1782年将首都搬迁到这里,建了一座新城,并重新命名。

共台甫的正式全称汉语音译为"恭贴玛哈那空,阿蒙叻达纳哥信,玛杏特拉瑜他耶,玛哈底陆魄,诺帕叻特纳拉察他尼布里隆,乌童拉察尼卫玛哈萨坦,阿蒙劈曼阿哇丹萨蒂,萨格塔底耶维萨奴甘巴席"。

在泰语中,这个名字由152个字母和64个音节组成。

它大致可译为"天使之城,上等珠宝照耀之地,被赠予9块宝石的世界大都市,最高贵的皇家居住之地,雄伟的宫殿,轮回转世神灵的庇护地和居住地"。

曼谷的前半部分是一个常用的泰语"bang",意为村庄。后半部分应该来自于一个古老的泰语"makok",是一种"果实"(橄榄或者梅子,也有可能是这两种水果的混合物)。因此曼谷这个名字原来的意思可能是"橄榄之村"或是"梅子之村"。没有人能确定,也没有人在意这个。

共台甫(如果你坚持的话也可以叫曼谷)是泰国唯一的城市,它几乎是泰国第二大镇的40倍。

艾伦:冥王星和曼谷都不存在,我太落伍了!

第六部分

飞禽走兽若通人

蓝鲸能够吞下的最大东西是什么

a）一个巨大的蘑菇

b）一辆小型家用汽车

c）一只葡萄柚

d）一名水手

答案是葡萄柚。

有趣的是，一头体型庞大的蓝鲸，它的喉咙的直径差不多仅与它的肚脐一样大（相当于西餐用的副盘大小），但是要比它的耳膜（比西餐用的大盘略大）小一点。

一年中有 8 个月，蓝鲸几乎不吃任何东西，但是在夏季的 4 个月内它们就吃个不停，每天风卷残云般地吞掉大约 3 吨左右的食物。可能你还记得生物课上学过的知识，蓝鲸以磷虾这种微小的粉红色甲壳类动物为食。成群的磷虾成了鲸类的美食佳肴。磷虾喜欢聚在一起，有时群体的重量庞大到超过 100 000 吨。

磷虾这个单词来自挪威语。它最初的来源是荷兰语中的 kriel，意思是"小鱼苗"，但是现在它也被用来指矮子或"小人物"。磷虾棒在智利的销路非常好，但因为磷虾碎末中的氟化物含量超标，在俄罗斯、波兰、南非的销路受到了威胁。这些氟化物来自磷虾的壳，因为磷虾太小而无法在切碎前把它挑出来。

蓝鲸狭窄的喉咙意味着它吞不下约拿（Jonah）（《圣经·旧约》中一位先知）。鲸类中也只有抹香鲸有能把一个活人吞下去的粗喉咙，而且人一旦被吞进去，想从抹香鲸体内的强酸性胃液的"洗礼"中活命，也是不可能的。1891 年，著名的"现代约拿"，詹姆斯·巴特利（James Bartley）声称他被一头抹香鲸吞了下去,但 15 个小时后被他的船员救了出来,后来也被揭穿是一场骗局。

蓝鲸除了喉咙窄外,身体的其他部分都十分巨大。身长超过 32 米,是地球上生存过或还在生存的体型最大的动物,是最大恐龙体积的 3 倍,体重相当于 2700 个成年人的重量。仅仅是它的舌头就比一头大象还要重,它的心脏有一辆家用汽车那么大,它的胃能够装下超过一吨的食物。蓝鲸也是单个动物中最大噪声的制造者:一种在水中低频的"嗡"声,远在 16 000 千米外的其他鲸也能听到。

斯蒂芬:是吗?我倒觉得有件事挺有趣儿,就是蓝鲸的生殖器。你快告诉我蓝鲸的阴茎有多长。

克莱夫:蓝鲸的阴茎有多长?

斯蒂芬:对!快点告诉我。

与自身体型相比,哪一种鸟下的蛋最小

答案是鸵鸟。

尽管鸵鸟蛋是自然界中最大的单个细胞,但是一枚鸵鸟蛋的重量还不到母鸵鸟体重的 1.5%。相比之下,一枚鹪鹩蛋则相当于其母鸟体重的 13%。

与自身的体型相比,小斑鹬鸵的蛋是最大的。它的蛋是自身体重的 26%,相当于人类一个母亲生出一个 6 岁大的孩子。

一枚鸵鸟蛋的重量相当于 24 枚鸡蛋的重量,要煮熟一枚鸵鸟蛋至少得花上 45 分钟。英国维多利亚女王在一次早餐享用了鸵鸟蛋后,立刻宣称这是自己吃过的最美味的一餐。

包括恐龙在内的所有动物产下的蛋里,最大的蛋要数在 17 世纪已经灭绝的马达加斯加岛上的象鸟(包括隆鸟)产的蛋,那象鸟的蛋有鸵鸟蛋的 10 倍大,体积是 9 升,其质量相当于 180 枚鸡蛋。

象鸟被认为是《一千零一夜》(Arabian Nights)中与辛巴达搏斗的凶猛巨鸟的原形。

一只没有头的鸡能活多久

答案是大约两年。

1945 年 9 月 10 日，美国科罗拉多州弗鲁塔镇一只丰满的小公鸡被剁掉了脑袋后，却活了下来。不可思议的是斧子没有伤到它的颈静脉，而且留下了足够多的颈部脑干，使其得以继续存活，甚至健康成长。

后来，这只名叫迈克的小鸡成了这个国家的名鸡，被带到全国巡回展览，有幸成为《时代与生活》杂志的"封面人物"。这只鸡的主人，劳埃德·奥尔森(Lloyd Olsen)向每位来观看"非凡的无头小鸡迈克"全美巡演的人收取

25 美分的入场费。迈克的脖子上挂了一个干涸的鸡头，奥尔森宣称这就是迈克的头——但实际上，迈克真正的头早已被奥尔森的猫叼走了。迈克超高的的名气为主人奥尔森每个月赚得 4500 美元，而且迈克被估市值 10 000 美元。它的成功也掀起了一股砍小鸡头的模仿热潮，然而没有一个不幸的"牺牲者"能存活超过一两天。

奥尔森通过一种滴眼药器给迈克喂食和喂水。在它被砍去脑袋的两年间，它的体重增加了将近有 6 磅，它用自己的脖子来梳理羽毛和进食，快乐地消磨它的时光。一个非常了解迈克的人这样说："它是只不知道自己没有脑袋的大胖鸡。"

悲剧最终还是降临了。在亚利桑那州菲尼克斯市的一家汽车旅馆里，迈克出现了窒息症状。更可怕的是，奥尔森疏忽地把滴眼药水器落在了前一天的展览场地，由于无法清理迈克的呼吸道，迈克最终因窒息致死。

在科罗拉多州迈克依然是大家崇拜的"偶像"。从 1999 年开始，每年 5 月弗鲁塔镇都有一个"无头鸡迈克日"。

什么生物只有 3 秒钟的记忆

答案首先不是金鱼。

尽管一般都认为金鱼的记忆只有 3 秒钟,但事实上一条金鱼的记忆并不是只有几秒钟那么短。

2003 年,普利茅斯大学心理学院做了一个有关金鱼记忆的实验,结果确证金鱼至少拥有 3 个月的记忆,它还能够分辨不同的形状、颜色和声音。实验的内容是训练金鱼推动水中的一根杠杆,给予它们食物奖励。杠杆每天只有一个小时是可以推动的,金鱼很快就记住了这个时间点。许多类似的实验证实,人工养殖的鱼类在接受训练后,能够对一种音频信号作出反应,在特定的时间和地点进食。

金鱼不会游到鱼缸的边缘,并不是因为金鱼看得见鱼缸,而是它们能够用一种称为“侧线”的压力感知系统,避免撞上鱼缸。一些盲视的洞穴鱼类依靠的是它们身上的侧线感知系统,能够在漆黑的环境中自由地游来游去。

所以在我们编写金鱼神话的时候,不要认为怀孕的金鱼是“白痴”,也不要叫它们“白痴”。事实上金鱼是不会怀孕的。雌性金鱼在水里排卵,卵在水里和雄性金鱼的精子结合成受精卵。

原则上,应当有一个特定的词汇来表达腹中有卵的雌性金鱼——例如“白痴”、“傻瓜”或“蠢人”等——但是在任何一部正规的词典中还找不到这种合适的词。

斯蒂芬:那么,金鱼只有 3 秒钟的记忆就是个谎言咯?

艾伦:这不是一个谎言!

斯蒂芬：这就是个谎言。他们做过实验的。

艾伦：哦，拜托，他们没有。

斯蒂芬：他们做了实验的。一个普利茅斯大学的研究人员做了个非凡的实验。

艾伦：根本没有普利茅斯大学，斯蒂芬。这是编造的。

肖恩：它只是一家有一份《泰晤士报》的糖果铺罢了。

动物界最危险的杀手是谁

　　答案是雌性蚊子。地球上大约有450亿人是被雌蚊（雄蚊只吸取植物汁液）杀死的，这个数字差不多占已死亡人口总数的一半。

　　蚊子携带了100多种潜在的致命疾病，包括疟疾、黄热病、登革热、脑炎、丝虫病和象皮病。甚至在今天，它们每12秒就会杀死一个人。

　　令人惊讶的是，直到19世纪末，才有人意识到蚊子的危险。1877年，英国医生曼森（Patrick Manson）爵士——大家都称其为"蚊子曼森"——才证明象皮病是因蚊子的叮咬引起的。

　　17年后，即1894年，曼森进一步认识到疟疾也可能是由蚊子叮咬引起的。他鼓励他的学生，年轻的医生罗斯（Ronald Ross），扎根印度以验证这个想法。

　　罗斯是第一位向人们说明雌蚊是如何通过它的唾液传播**疟原虫**寄生物的人。他用鸟类做实验。曼森将此项研究更推进了一步。为了验证这个理论对人类也有效，他竟然让自己的儿子作为被试者，让其感染上疟疾，他用的蚊子是通过外交邮袋从罗马带回来的。幸运的是，由于立即注射了治疗这种病的药剂——奎宁，这个孩子才得以康复。

　　罗斯获得了1902年的诺贝尔医学奖。曼森则当选为英国皇家学会的特别会员，获得爵士称号，之后还创办了伦敦热带医学院。

　　目前已知蚊子有2500种，其中400种是传播疟疾的按蚊家族的成员，它们中有40种能够传播疟疾。

　　雌蚊吸血是为了增加自己的营养，繁衍后代，它将卵产在水中，这些卵孵化出来后，成为水中的幼虫"孑孓"。与绝大多数的昆虫不同，蚊子的蛹，就是众所周知的"筋斗虫"，其生命力相当活跃，到处游动。

雄蚊发出的"嗡嗡声"频率略高于雌蚊:它们能够通过一种 B-天生调音叉发出的声音来引诱雌蚊,达到两性交配的目的。

湿气、牛奶、二氧化碳、体温和运动物体对雌蚊都具有吸引力。因此,流汗的人和怀孕的妇女更容易被蚊子叮咬。在西班牙语和葡萄牙语中蚊子的意思就是"小飞虫"。

斯蒂芬:我想你先给我说说 12 个法国人和 12 只蚊子的故事。

达拉:从前……有 12 个法国人,他们的名字叫做 Apee,Sleepy,Arrogant,Furieux,Choses comme ca,Bof Zut Alors。还有……

菲尔:(记录在平板电脑上)这才 6 个。

达拉:Fenetre……呃,Boulangerie,呃。

艾伦:Le Table!

达拉:La table,当然,还有 Jambon 和 Fromage,他们是一对双胞胎。他们常带着蚊子到处旅行,冒险破案。

达拉:20 世纪 50 年代的法国侦探的费用真是非常便宜,他们只要用蚊子从其中一个嫌疑犯的身上吸一丁点鲜血就行了。

小小土拨鼠也能杀人吗

当然可以,土拨鼠通过"咳嗽"置人于死地。

土拨鼠是松鼠家族中温厚的、大腹便便的成员,它们的体型大约有一只猫那样大,在受到惊吓时会发出刺耳的尖叫声。它们不讨人喜欢,在蒙古草原上发现的波班克土拨鼠特别容易感染耶尔森鼠疫杆菌,这种细菌可以引起肺部感染,传播通常大家所知道的腹股沟淋巴结鼠疫。

受细菌感染的土拨鼠通过咳嗽将这种病菌传染给它们的邻居:跳蚤、老鼠,最后传给人类,所有横扫东亚到欧洲的大规模瘟疫的罪魁祸首就是来自蒙古的土拨鼠。统计表明,因患这类瘟疫而死亡的人数已经超过了 10 亿。土拨鼠仅次于传染疟疾的蚊子,成了人类的第二大杀手。

当土拨鼠和人类被传染上这种疾病时,他们腋窝下和腹股沟中的淋巴腺会变黑,并肿胀起来。人们将这些出现疼痛的地方称为"buboes"(腹股沟淋巴结炎),来自希腊语 "boubon"。"groin"(腹股沟)这个字从此被"bubonic"(腹股沟腺炎)所代替。蒙古人从来不吃土拨鼠的腋窝,因为 "它容纳着一个死去猎人的灵魂"。

在蒙古,土拨鼠身体的其他部分则成了人们的美味佳肴。猎人们追踪他们的猎物时有着复杂的习惯,包括带上伪装的野兔耳朵,一边跳舞一边挥动一条牦牛的尾巴。他们将捕获的土拨鼠整只放到烤热的石头上进行烤炙。在欧洲,阿尔卑斯山土拨鼠的脂肪是很珍贵的,它们可以用来做成治风湿的特效药。

其他种的土拨鼠还有美洲草原犬鼠、美洲旱獭和美国土拨鼠。土拨鼠节在每年的 2 月 2 日开始。每年的这个时候，一只叫做蓬克苏桃内·菲尔 (Punxsutawney Phil)的"土拨鼠"从宾夕法尼州火鸡山上的电加热洞穴走出来,穿着晚礼服的"监护人"问它是否能看到自己的影子,如果它低声回答"是的",这就意味着冬天还要 6 周才会过去。自 1887 年以来,菲尔的回答从来没有错过。

腹股沟淋巴结鼠疫今天依然存在——最后一次严重的暴发是发生在 1994 年的印度,它被列入美国需要隔离的三大疾病之一(剩下两种是黄热病和霍乱)。

旅鼠是怎么死的

如果你认为旅鼠会集体自杀,你错了。旅鼠自杀的传言,源自19世纪博物学家们的著作。他们目睹了挪威旅鼠每四年一周期的种族繁衍与萧条,却不了解个中缘由。

旅鼠有着惊人的繁殖能力,一只雌性旅鼠一年能够生下80只幼仔。数量的剧增使得斯堪的纳维亚人相信它们是随着天气自然诞生的。

事实却是暖冬导致旅鼠数量激增,造成草场退化。旅鼠们转向陌生的地域搜寻食物,直到聚集在了悬崖、湖泊还有海洋这样的自然障碍边,旅鼠还在不断地聚集,恐慌和暴力接踵而至,意外发生了。但是这并不是自杀。

第二种关于旅鼠集体自杀的传言源自1958年迪士尼制作的一部电影《白色荒野》。可以肯定这部电影的情景是伪造的。电影取景于加拿大艾尔伯塔省这个没有旅鼠出没的地方:电影中的旅鼠都是从几百英里之外的马尼托巴湖地区运过来的。旅鼠"迁徙"的镜头,实际上只是在一个覆盖着雪的转盘上放几只旅鼠,然后通过特技方法制作出来的。在臭名昭著的最后场景——旅鼠们纷纷跳海时,温斯顿·黑伯(Winston Hibbler)的画外音响起,"这是最后一次回头的机会, 然而它们继续前进, 纵身一跃把自己抛在半空……"——电影制作人在制作这个场景时,仅仅是将旅鼠投到一条河中。

其实,迪士尼不过是重新演绎了一个根深蒂固的故事,这个故事被收录在1908年阿瑟·米(Arthur Mee)写的20世纪初最有影响力的儿童读物——《儿童百科全书》(Children's Encyclopedia)中。书中是这样描述的:

"它们朝着一个方向浩浩荡荡地前进,翻过小山和幽谷,穿过花园、农场、村庄,跳入水井和池塘,污染水源,引起伤寒病的暴发……它们不断前进……一直奔到海边,跳入大海,全军覆没……这一场景悲惨又恐怖,但是如果大批的旅鼠不这么凄凉地死亡,它们早就把整个欧洲啃光了。"

变色龙怎么变色的

它们并不是随着环境改变自己的颜色。

从来没有,以后也不会。完全是神话,全部是伪造的,完全是谎言。

事实上,它们是随着自身情绪状态来改变自己的颜色。如果碰巧和背景颜色相同的话,也完全是一个巧合。

当变色龙受到惊吓时,或被人用手拿起,或者在一次战斗中打败了另一只变色龙之后,它们会改变颜色。当视线内出现一只异性变色龙的时候,它们也会变换颜色。有时它们还会因为光线或是温度的波动而改变颜色。

变色龙的皮肤由几层称为色素细胞("chromataphores"词源来自于希腊语,"chroma"的意思是色度而"pherein"的意思是携带)的特殊细胞组成,每一层都含有不同颜色的色素。通过改变这些色层之间的平衡关系,使得皮肤能够反射不同类型的光线,从而使得变色龙看上去就像一个正在行走的带色轮子。

令人奇怪的是,为什么"变色龙可以随着环境改变颜色"这种说法在人们的头脑中如此根深蒂固。这个传言第一次出现在大约公元前240年一个希腊二流作家写的有趣故事和简略传记《卡里斯图的安提哥诺斯》(*Antigonus of Carystus*)一书中。亚里士多德这位更有影响力的大家,在他公元前300多年著作中已经正确地将变色龙颜色的变化与害怕联系起来;到了欧洲文艺复兴时期,"因为适应环境变色"的论调再一次几乎被彻底抛弃。但是从那时期以后又出现了变色龙"因为环境变色"的论调,这也是绝大多数人认为他们"知道"的有关变色龙的唯一理论。

变色龙能够保持完全静止长达数小时。因为这样,加上是它们本来吃的就很少,几个世纪以来,人们都以为它们只要依靠空气就能生存。当然,这种观点也是不正确的。

变色龙在希腊语中的意思是"陆地雄狮"。变色龙中体格最小的是"brookesia minima"，身长只有 25 毫米；而最大的是一种称为"chaemaeleo parsonnii"的变色龙，长度超过 610 毫米。在变色龙家族中最有名的一种，其拉丁名字是"*Chamaeleo chameleon*"，听上去就像一首歌的开头。

变色龙的两只眼睛能够分别旋转并立即聚焦到两个不同的方向，但它们什么都听不见，是个聋子。

《圣经》规定了禁止吃变色龙。

北极熊如何伪装自己的黑鼻子

是不是用它们那雪白的手掌把黑鼻子捂住呢？

这种方法虽然很可爱，但是未被证实。北极熊也不笨拙。博物学家已经对北极熊进行了长达几百小时的观察，他们从来没有看到北极熊小心翼翼地捂住鼻子，或者是笨拙的迹象。

它们却喜欢牙膏。在一些正式报告中透露，北极熊经常大肆破坏极地游客的驻地，它们打翻帐篷、踩坏设备，所有这些行为只为了吸一管佩堡绍登特牙膏。

这或许是在加拿大马尼托巴省的丘吉尔镇修建了一个巨大的混凝土建筑物——"北极熊监狱"的原因之一。任何进入这个小镇的北极熊都会被逮起来并囚禁在那里，接受不同的判决：囚禁几个月后放归熊群；杀死；送到专门的机构或到处流浪。这所监狱过去是官方编号 D-20 的军事基地的停尸间，改造后一次同时能够容纳 23 只北极熊。因为北极熊在夏天不进食，所以这些熊监狱的"犯人"可以几个月不吃东西。等到北极熊的狩猎季节——春天或是秋天来的时候，它们被放出去捕鱼觅食，而不会再游荡到丘吉尔镇来。

就人们所知，最早捕获北极熊的人是埃及的托勒密二世（Ptolemy Ⅱ，公元前 308—公元前 246 年），他把北极熊放养在亚历山大城他的私人动物园内。公元 57 年，罗马作家赛克柳斯（Calpurnius Siculus）记述了自己观看到的北极熊与海豹在装满水的圆形斗兽场中搏斗的场景。维京人诱捕北极熊幼崽的方法是：把母熊杀死剥皮，然后将皮铺在雪地上，在幼崽过来躺在上面的时候将其捉住。

北极熊的学名有时候会使人产生一些误解。"Ursus arctos"并不是北极熊的名字，而是棕熊的名字。拉丁语中"Ursus"意思是熊，而在希腊语中"arctos"的意思也是熊。北极也是以熊来命名的，意思是"熊的领域"。即熊生活的地区，以及天上的大熊星座。北极熊学名"*Ursus maritimus*"的意思是海熊。

在许多文化中大熊星座群被视作一只熊，包括东方的日本阿伊努文化、西方的美洲印第安人文化和英国文化。尽管照字面上意思，所有的北极熊都是属大熊星座，但是从占星学来看，它们出生的 12 月底或 1 月初是摩羯座。

棕熊与灰熊同属一种，灰熊是指生活在北美内陆的棕熊。就像考拉被比作海豹那样，熊与猪的亲缘关系很近，公熊和母熊老是被比作公猪与母猪，但实际上，与熊有最亲近关系的是狗。

斯蒂芬：啊。它们真漂亮，对吧？你必须承认它们是非常、非常漂亮的动物。

艾伦：好吧，如果有一只北极熊能站在我的面前，我会亲口告诉它"你很漂亮"……

瑞士救护犬（圣伯纳德犬）脖子上挂的是什么

圣伯纳德犬的脖子上从来没有、也永远不可能挂白兰地酒桶。

救护犬在执行任务的时候是绝对禁酒的，除了将白兰地送给那些体温过低的人外，如果执行其他任务都将会是灾难性的错误。但是，旅游者们总是乐于接受这种想法，所以瑞士救护犬脖子上仍然装模作样地挂着白兰地酒桶。

在圣伯纳德犬被训练成山地救护犬之前，它们归大圣伯纳德山口宗教收容所里的修道士使用，这个山口位于通往瑞士与意大利的阿尔卑斯山路上，修道士们用它们来运送与它们体积相当的食物。圣伯纳德犬温顺的性格，使它们成为一群得力的搬运能手。

一位名叫兰西尔（Edwin Landseer）的年轻英国艺术家，想出了在狗的脖子上携带白兰地酒桶的主意。这位年轻的画家深受维多利亚女王喜爱，他擅长风景画和动物画，最著名的画当属《峡谷的统治者》，而最有名的雕刻是《纳尔逊圆柱底附近的狮群》。

1831 年，兰西尔画了一幅《阿尔卑斯大驯犬鼓舞苦恼的旅行者》，画中有两条圣伯纳德犬，一条犬的脖子上挂着一个小小的白兰地酒桶。兰西尔这样画的目的是想引起人们的兴趣。兰西尔也因为圣伯纳德犬（而非阿尔卑斯大驯犬）名字的普及而赢得了人们的赞誉。

起初，圣伯纳德犬被认为是巴里猎狗，这是对德语单词"Bären"误读，"Bären"的意思是熊。在第一批救护犬中，有一条圣伯纳德犬就被誉为"伟大的巴里"，它在 1800 年到 1814 年间成功挽救了 40 个人的生命，但不幸的是它被第 41 个受困者误当成狼而杀死。

"伟大的巴里"现在被制成标本，荣耀地放在瑞士首都伯尔尼自然历史博物馆中。为了表示对这只犬的敬意,人们将在圣伯纳德犬收容所里最好的雄性幼崽都取名叫巴里。

有时,收容所的功能是为所有能够证明需要帮助的人们提供食物和暂避的住所。在 1708 年的一个夜晚,卡莫斯(Vincent Camos)教士不得不为 400 多个旅游者提供食宿。为了节省人力,他在烧烤架上装了一部类似仓鼠轮的设备,让一只圣伯纳德犬在里面慢跑带动穿肉叉转动。

估计从 1800 年以来,圣伯纳德犬已经进行了 2500 次救援,可是近 50 年来却没有什么成绩。结果,修道院决定把这些狗全部卖掉,用直升机来替代它们的工作。

哪种动物的叫声如"咣咣"

答案是阿尔巴尼亚猪。

阿尔巴尼亚狗的叫声是"巴姆巴姆"。

在西班牙的加泰罗尼亚语中,狗的叫声是"巴普巴普",中国的狗"汪汪"地叫,希腊的狗叫声是"给呜给呜",斯洛文尼亚的狗则发出"乎夫乎夫"的叫声,在乌克兰狗的叫声是"哈乎哈乎",冰岛的狗"沃夫沃夫"地叫唤,印度尼西亚的狗发出"缸缸"声,而意大利的狗则"巴吾巴吾"地叫。

有意思的是,当一种动物发出的声音变化不大时,不同国家的语言在翻译这些声音时也会趋于一致。例如,几乎每一种语言在描绘奶牛的声音时都会用"哞哞",猫的叫声是"喵",布谷鸟发出的是"布谷"声。

英国坎布里亚郡犬类行为中心的研究表明,狗甚至还会发展出一种地域性的口音。利物浦和苏格兰的狗有着最明显的、与众不同的口音。利物浦的狗发出高音调的叫声,而苏格兰的狗的叫声音调较低。

为了收集数据,该研究中心征求了狗和它们主人的同意在电话应答机里留下声音,然后专家们比较了人与狗发出声音的音质、音调、音量和声波长度。

他们得出的结论是,狗为了与主人保持亲密关系,会模仿它们主人的声音。他们之间关系越亲密,声音相似性就越大。

狗还会模仿主人的行为。在年轻人家庭生长的小猎犬,性格比较活泼且难以驾驭。而同样一只狗如果与老人生活在一起,它的性格就会变得安静、不活泼和喜欢长时间的酣睡。

世界上最大的青蛙叫声有多响亮

　　这种青蛙根本不会叫,特别是不会发"ribbit"声。

　　这种身长 1 米,生活在非洲中部的巨蛙,是个哑巴。

　　地球上已发现的青蛙达 4360 种,只有一种蛙能发出"ribbit"声。每一种蛙都有它独特的叫声。人们认为所有的蛙都发"ribbit"声,是因为"ribbit"是一种太平洋树蛙(雨蛙)的特有叫声。这种树蛙曾经出现在好莱坞电影中。

　　据不完全统计,近几十年来,从描写沼泽地到越南丛林的所有电影中,为了增加电影的气氛,配音中都加入了这种树蛙的声音。

　　青蛙可以发出极大的、多种多样的噪声。它们发出的声音有呱呱声、喋喋声、咯咯声、唧唧声,类似人类世界中的打鼾声、呼噜声、铃声、喘息声、汽笛声和咆哮声。它们也可以发出像牛、松鼠和蟋蟀的叫声。树蛙吵嚷起来像条狗在吠,木匠蛙的声音像两个木匠在同时钉钉子,而福勒蟾蜍发出的一种叫声就像患重感冒的羊在咩咩叫。南美多指节蟾咕哝的声音就像猪叫(这种多指节蟾的怪异之处在于它在蝌蚪期发出的声音音量是成年蛙的 3 倍)。

　　雌性的蛙几乎是沉默的,不发出声音。雄性发出声音是为了吸引雌性的注意,寻找自己的伴侣。叫声最大的蛙是波多黎各的小考齐蛙(coqui),它在拉丁语中的名字叫 *Eleutherodactylus coqui*,名字比它的体型还要长。雄性的考齐蛙聚居在一片茂密的森林中,每 10 平方米内就有一只,比赛看谁叫得最响。有记录表明,1 米之外,考齐蛙的音量还可以达到 95 分贝,相当于一个风钻发出的噪声,这种噪声已经接近于人类可承受的最大限值。

　　最近的研究揭开了青蛙如何避免自己的耳膜破裂之谜。其实青蛙是用肺来听声音。通过肺吸收自身发出声音的振动,平衡耳膜内、外部压力,保护了纤弱的内耳。

青蛙的叫声传播有点类似于电台广播：每种蛙都会选择自己的特有频率。尽管人类听到的是林子里、水塘中此起彼伏的蛙叫声，这丝毫不会影响到雌蛙从这些纷乱嘈杂声中选择同类雄蛙发出来的"呼唤"声。

国际上一般认为青蛙的声音类似鸭子叫。但并不是所有地方的蛙类都这样。例如，泰国的青蛙发出"obob"声；波兰的青蛙发出"kum kum"声；阿根廷蛙"berp"地叫；阿尔及利亚青蛙发出"gar gar"声，类似中国青蛙的呱呱"guo guo"声；孟加拉的青蛙叫声如"gangor gangor"；印度青蛙的叫声是"me:ko:me:k-me:ko:me:k"（冒号表示前元音是鼻音加长音）；日本青蛙发出"kero kero"声，而韩国青蛙则是"gae-gool-gae-gool"地叫。

斯蒂芬：青蛙可以发出极大的、多种多样的噪声。它们发出的声音有呱呱声、啼啭声、咯咯声、唧唧声，类似人类世界中的打鼾声、呼噜声、铃声、喘息声、汽笛声和咆哮声。

艾伦：它们估计在说，做个"青"蛙真不容易。

哪一种猫头鹰的叫声是"嘟—崴特，嘟—呼"

　　莎士比亚在自己的诗歌《冬天》（*Winter*）（选自《爱的徒劳》）中最先使用了"嘟—崴特，嘟—呼"这个短语来描绘猫头鹰的歌唱声：

　　夜幕降临了，目不转睛的猫头鹰开始歌唱，

　　嘟—呼；

　　嘟—崴特，嘟—呼：一串欢快的音符，

　　直到油腔滑调的琼打翻了罐子。

　　其实从来没有哪只猫头鹰发出过"嘟—崴特，嘟—呼"的声音。

　　仓鸮发出的声音是尖叫声，短耳鸮大部分时间很安静。长耳鸮发出一种拉长的、音节短促的"欧—欧—欧"声。

　　叫声最像"嘟—崴特，嘟—呼"的猫头鹰要属灰林鸮了，雌雄灰林鸮都会叫。

　　雄性灰林鸮，也叫做褐鸮，发出"hooo-hoo-hooo"的叫声，雌性灰林鸮会发出嘶哑的"kew-wick"声回应。

达尔文怎样处理死去的猫头鹰

他吃了猫头鹰,尽管就那么一次。

达尔文(Charles Darwin)的一生为美食、科学和好奇心所驱使。当他心不在焉地在剑桥大学神学院学习时,达尔文加入了"美食家俱乐部"。他们一周聚会一次,积极地搜寻那些餐馆中罕见的动物来品尝。

达尔文的儿子弗兰西斯(Francis)评论他父亲的信件时,提到"美食家俱乐部"曾经吃过的动物包括鹰和麻鹬,但是"一只棕色的老猫头鹰破坏了他们的食欲",他们说其味道"无法描述"。

很多年来,达尔文一直活跃在学术舞台上,他不再信仰上帝,却从来抵挡不住有趣食谱的诱惑力。

在"贝格尔号"的航行中,达尔文吃过犰狳,他说:"犰狳的味道和形状都像鸭子"。而他口中"最高的美味"是一只巧克力色的啮齿动物,它可能就是刺豚鼠,学名毛臀刺豚鼠,希腊语的意思是"多毛的屁股"。在巴塔哥尼亚高原,他美美地吃了一盘美洲狮肉,它的味道就像小牛肉。实际上,达尔文一开始也以为吃的是小牛。

后来, 达尔文在巴塔哥尼亚高原疯狂地寻找小美洲鸵时发现,1833 年船只停泊在德塞港时,自己已经在圣诞大餐时吃过一只了。那只鸟是被船上的画师马丁斯(Conrad Martens)所射杀的。

达尔文一开始只是把它当作普通的大美洲鸵,或者是他所称的"鸵鸟", 但是当盘子清空的时候, 他才发现自己犯了个错误:"在我神智恢复前, 它已经被做成菜肴,并被吃进了肚子,所幸的是, 它的头、脖子、腿、翅膀、羽毛和大部分的外皮被保留了下来"。达尔文把这些残骸带回了伦敦的动物学会,这种小美洲鸵后来以达尔文的名字命名为"达尔文美洲鸵"。

在加拉帕戈斯岛,达尔文以鬣蜥为食,在詹姆斯岛上,他曾享用过巨龟。"贝格尔号"上曾装载了48只巨龟,那时达尔文并没有意识到巨龟对他后来的进化论有着重要意义。他和他的船员不停地吃掉巨龟,吃完后又把龟壳扔出船去。

现在,每年的2月12日,为了纪念达尔文生日,生物学家们聚集一堂,共享以不同种属动物为食材的盛宴。

阿瑟:你吃过的最特别的东西是什么,艾伦?

艾伦:耳屎。

藤壶能飞吗

当然不能,尽管这是最近才发现的事情。

几百年来,人们都认为这种羽毛状有腿的贝类是北极鹅的胚胎,这种鹅长期生活在北极圈内,没有人见过它们求偶和下蛋。当秋天到来,它们会成群飞往南方,极其巧合的是,爬满藤壶的浮木也会在这时被推到岸边。一些年轻有才智的人发现了这现象并把这两者联系到了一起。

拉丁语中对爱尔兰鹅的称呼是 Anser hiberniculae(灰雁),而古罗马时期的爱尔兰人被叫做"Hibernia"。最后逐渐简化成"bernacae";到了 1581年,"barnacle"这个单词同时被用来表示两种生物,一是鹅,二是甲壳纲藤壶。这种混淆就一直延续了下来。

这给爱尔兰教堂带来了麻烦。一些天主教区允许人们在斋戒日吃藤壶,因为他们认为这是一种鱼,还有一些人认为它们来自鸟类栖息过的树,并没有肉,因此是蔬菜或是坚果。另外一些教区则反对吃藤壶,矛盾愈演愈烈,直到教皇介入调停。1215 年,英诺森三世教皇(Pop Innocent Ⅲ)禁止在斋戒日这天吃藤壶(goose-eating)。

400 年后,英国皇家学会的学者们仍旧认为浮木上爬满的是"北极鹅的胚胎",甚至是植物学家林奈(Linnaeus)也对"barnacle"代表两种生物——一是鸭茗荷,一是鹅茗荷(鹅颈藤壶)这样的说法深信不疑。

自然发生说认为,生命体可以直接由无机物自然形成的观念,是亚里士多德为数不多的毫无用处的遗言之一。尽管 17 世纪的科学家们作出很多的努力,例如列文虎克(Van Leeuwenhoek)和雷迪(Franceso Redi)就曾证明:无论多小的生命都具有繁殖能力,但是自然发生说还是顽固地延续到了 19 世纪。直到巴斯德证明即使是细菌也要通过繁衍延续种族,这才让自然发生说最后不攻自破。

飞蛾为什么要扑火

飞蛾并不喜爱火焰。是火焰使它们失去了方向感。

除了偶尔出现的森林大火外，在历史长河中，人造光源出现的时间相对很短，飞蛾与太阳和月亮相处的时间，远远久于它们和人造光源相处的时间。许多昆虫利用太阳和月亮的光源日夜飞行。

因为太阳和月亮相距地球很远，它们发出的光都可以投射到昆虫眼睛的同一地方，这些昆虫已经进化到可以分辨白天或夜晚不同时间进入眼睛的光，使它们能够计算如何作直线飞行。

当人们带着他们的便携式"太阳"或"月亮"，而正好有飞蛾飞过时，便携式"太阳"或"月亮"发出的光便会让它迷糊。飞蛾会以为自己沿着弯曲的路线飞行了，因为它与静止的"太阳"或"月亮"之间的位置发生了出乎意料的改变。

接着飞蛾调整了它的飞行路线，直到它再次将外来光线当作静止的光源。这个光源离飞蛾如此之近，对于一个靠近它飞行的飞蛾来说，唯一可能的方法就是绕着光源不停转圈飞行。

飞蛾不蛀衣服（它们的幼虫会）。

斯蒂芬：如果我左手有一颗樟脑丸，右手有一颗樟脑丸，那么我有什么？

艾伦：两颗樟脑丸。

斯蒂芬：一只兴奋的飞蛾。

蜈蚣有多少条腿

不是 100 条。

蜈蚣(centipede)一词在拉丁语中的意思是"100 条腿",尽管人们已经对蜈蚣进行了 100 多年的大量研究,但是还没有发现哪只蜈蚣正好有 100 条腿。

一些蜈蚣的腿超过 100 条,一些则少于 100。1999 年,人们发现了一只蜈蚣,它的腿的数目最接近 100 条,有 96 条腿,而且它是已知的、唯一有偶数条腿的蜈蚣:48 对。

所有其他蜈蚣都有着奇数条腿,从 15 对到 191 对不等。

两趾树懒有多少个脚趾

不是 6 个就是 8 个。只有分类学家才知道,"两趾树懒"其实应该是"两指树懒"。两趾树懒和三趾树懒每只脚均有 3 个"脚趾"。它们的不同之处在于两趾树懒每只"手"上有 2 个"手指",而三趾树懒有 3 个。

尽管三趾树懒和两趾树懒有很多类似的地方,但也并非完全相同。两趾树懒爬得稍稍快一点。三趾树懒颈部有 9 块椎骨,两趾树懒有 6 块。

三趾树懒会是个很好的宠物,两趾树懒却很凶残。三趾树懒会通过它们的鼻孔发出刺耳的哨声。两趾树懒如果被打扰,会发出嘶嘶声。

一般来说,树懒是世界上爬行速度最慢的动物。它们最快的爬行速度只略超过每小时 1.6 千米,通常它们以每分钟不超过 2 米的速度缓慢前进。

它们一天睡 14 到 19 个小时,整日悬挂在树上,在树上吃饭、睡觉、交配、生育和死亡。有些树懒移动得太慢了,以至于有两种藻类植物可以在它们身上生根,使它们呈现微绿色。一些飞蛾和甲虫也在树懒的皮毛里安家。

树懒的新陈代谢也很慢。它们进食后要花费超过一个月的时间消化食物,而且一周只排泄一次粪便。树懒在它们居住的树下做这些事情。这些难闻的粪便堆积物被浪漫地称作"约会地"。

和爬行动物一样,它们需要调节体温,在太阳下取暖,在阴凉处降温。

这降低了它们体内总的消化速度和睡觉时的消化速度。在雨季,当树懒吃饱后,它们会在树叶下一动不动,保持身体干燥,这算得上令人惊奇的装死表演了。

斯蒂芬:历史上最危险的动物是什么?

杰瑞米·哈迪:驾着一辆油槽车的树懒。

无眼大眼狼蛛有多少只眼睛

a）没有眼睛

b）除大眼睛外没有其他眼睛

c）有一只大眼睛，但是没作用

d）有 144 只像疣一样的眼睛

无眼大眼狼蛛没有眼睛。

1973 年，人们首次发现了这种无目蛛形纲动物，它们全部生活在夏威夷考爱火山岛的 3 个漆黑洞穴里。

像其他洞穴动物一样，无眼大眼狼蛛在进化中不需要看东西，但是由于它是大眼狼蛛家族的一员，因此也得到了"大眼"的称号（也就是说，如果它有眼睛的话，一定是大眼睛）。

当无眼大眼狼蛛完全长大时，它的身体约有一枚 50 便士的硬币那么大。和它同穴而居的伙伴也是它主要的食物来源——考爱岛洞穴里的端足目动物。它是一种小甲壳动物，很像一种瞎的、半透明小虾。

欧洲蠼螋有几根阴茎

a) 14 根

b) 一根也没有

c) 两根(其中一根用于特殊场合)

d) 别多管闲事

答案是两根。欧洲蠼螋,或称黑蠼螋,有一根备用的阴茎以防第一根折断。阴茎折断这种事在它们身上经常发生。

蠼螋的两根阴茎都长而易折。它们的长度超过 1 厘米,经常长过蠼螋本身。两位东京都立大学的男子发现了这件事情,这是他们其中一人在一只雄性蠼螋交配时闹着玩掐住它的后部时发现的。雄性蠼螋的阴茎在雌蠼螋的体内折断了,但是雄蠼螋又奇迹般地伸出了一个备用的。

人们普遍认为蠼螋会爬进他们的耳朵、钻进他们的大脑,蠼螋因此而得名。蠼螋在盎格鲁—撒克逊语中是"ear-creature",意为"耳朵里的昆虫"。它们在法语中是"ear-piercer"(钻耳朵的东西);在德语中,它们被称为"obrwrum",意为"耳朵里的小虫";在土耳其语中叫做"kulagakacan",意为"逃进耳朵里的虫子"。

如同其他昆虫不会爬进耳朵一样,蠼螋也不会钻入人们的耳朵。但是老普林尼(Pliny the Elder)建议,如果一只蠼螋真的钻进了一个人的耳朵里,那么你就朝这个人的耳朵里吐唾沫,直到它出来为止。它们绝对不会钻进人们的脑袋里。

蠼螋名字由来的另一种说法是蠼螋后部的尾钳长得很像以前用于挖耳朵的工具。

这种说法更符合拉丁语。西班牙语中蠼螋有两种意思:袖珍折刀和剪刀。在意大利语中,螳蛉的意思是小剪刀。

　　身长 8.5 厘米的巨型螳蛉生活在南太平洋的圣赫勒拿岛——拿破仑在那里度过了他最后的时光。巨型螳蛉现在可能仍然生活在那里,但是人类最后一次发现它们是在 1967 年。

　　巨型螳蛉的绰号叫"皮翼"。环境学家仍然对它们的存在抱有微弱希望,这种微弱的希望支持着环境学家们于 2005 年阻止在该岛建造一个新的飞机场。

　　两种马来半岛螳蛉只以蝙蝠的死皮和体液为食。

哪种动物的生殖器最大

藤壶是种谦逊的动物,相对于自身的大小,它们的阴茎比任何动物都长,是身体的 7 倍。

藤壶有 1220 种,大部分是雌雄同体。当一个藤壶决定当"母亲"时,它将卵产在自己的壳里,同时释放出诱人的信息素。在它的附近,就会有一个扮演"父亲"的藤壶对它作出反应,伸展它的阴茎,将精子释放进"雌"藤壶的贝壳腔里,使卵子受精。

藤壶以头部站立,用脚吃食。它们的身体可以分泌出一种很强的黏液,将它们的头部粘在岩石上或者船底。我们看到的藤壶顶端的开口实际上是藤壶的底部。通过这个开口,藤壶用细长而软如羽毛的腿来抓捕靠近它的、漂浮的小植物和小动物。

其他有名的雄壮动物有九带犰狳(它们的阴茎长度是身长的 $\frac{2}{3}$)和蓝鲸。尽管和其身长相比,蓝鲸的阴茎是适度的,但它们的阴茎仍然是所有动物中最大的, 其长度从 1.8 米到 3 米不等, 周长约 45 厘米。

据测试,蓝鲸每次射出的精液估计有 20 升,约重 70 千克。

鲸的阴茎是很有用的。梅尔维尔(Herman Melville)在《白鲸记》中讲述了如何将鲸的阴茎外皮做成垂至地板的防水围裙。目的是在取死鲸内脏时,防止弄脏自己的衣服。

和其他哺乳动物一样,鲸有一根阴茎骨。因纽特人用它们的阴茎骨连同海象和北极熊的阴茎骨制成雪橇上的滑行装置或当棍棒用。

哺乳动物的阴茎骨(拉丁语中称作"小棒")还可用作领带别针、咖啡搅拌器或者爱情信物。这些骨头形状各异——它们也许是形状变化最多的骨头，而且它们在确认哺乳动物种属之间的关系时也是有用的。只有人类和蜘蛛猴是没有阴茎骨的灵长类动物。

《圣经》希伯来语中没有阴茎这个词。这使得美国医学遗传学周刊(*American Journal of Genetics*)的两位学者吉尔伯特(Gilbert)和扎维特(Zevit)认为，夏娃是由亚当的阴茎骨演变而来的，而不是他的肋骨。这可以解释为什么男人和女人肋骨数目相同，而男人却没有阴茎骨。

《圣经》上说，之后"上帝关闭了肉欲"，指的就是阴茎和阴囊下部的"伤疤"。

犀牛角的成分是什么

犀牛角并不是像一些人想象的那样由毛发组成的。

犀牛角是由一些排列紧密的角蛋白纤维组成的。角蛋白是一种蛋白质，在动物的爪子和蹄、鸟类的羽毛、箭猪的刚毛、犰狳和龟的外壳以及人类的头发和指甲中都有角蛋白。

犀牛是唯一一种角完全由角蛋白组成的动物。不同于牛、绵羊、羚羊以及长颈鹿的角，犀牛角没有骨核。从一头死犀牛的头骨上不能看出它生前是否有角。犀牛活着的时候，在其鼻骨上方的皮肤上有一个粗糙的隆起，这就是犀牛角。

如果犀牛角被割下或受损伤，有时候它便会与身体分开。但是，如果这发生在小犀牛身上，它们的角完全可以再生。尽管失去角的母犀牛没法很好地照顾它们的孩子，可还没人知道犀牛角的真正功效是什么。

犀牛是一种濒临灭绝的动物，其主要原因是人们对犀牛角的需求。长久以来，人们用非洲犀牛角治病；在中东，尤其是也门，人们用犀牛角制短剑柄。自1970年以来，也门进口了67 050千克犀牛角。如果按每只犀牛角平均重3千克计算，也就等于也门进口了22 340头犀牛。

人们有一个根深蒂固的误解，认为犀牛角是一种壮阳剂，但中医却认为这是不对的。犀牛角的效用是清热而不是旺火，可以用于治疗高血压和发烧。

犀牛(Rhinoceros)这个词是由希腊语"rnino"(鼻子)和"keras"(角)组成的。目前世界上还存在5种犀牛：黑犀牛、白犀牛、印度犀牛、爪哇犀牛以及苏门答腊犀牛。爪哇犀牛仅存60只，它们是继温哥华旱獭、塞舌尔鞘状尾蝙蝠和华南虎后，世界上第四种濒临灭绝的动物。

白犀牛并不是白色的,它是南非荷兰语"wyd"的误译,意思为"宽的"。它指的是犀牛的嘴,而不是腰——黑犀牛喜欢吃树枝,因此它的嘴唇要比白犀牛灵活。

犀牛的嗅觉和听觉非常灵敏,但是视力却很差。犀牛一般是独居动物,只有交配时才会聚在一起。

当受到惊吓时,犀牛会排出大量的粪便。进行攻击时,亚洲犀牛会用咬,非洲犀牛则向对方猛冲。尽管黑犀牛的腿很短,但是它奔跑起来速度可达55千米/时。

哪种非洲哺乳动物杀死的人最多

河马。

很不幸,河马喜欢居住在附近有许多青草水流缓慢的河边——而人类也是。

大部分意外事件发生在以下两种情况:一是潜水的河马被船桨无意中击中头部,被惹恼的河马将小船掀翻;二是人们在夜间外出,正好碰上河马离开河水去河边吃草。被一只受惊的河马踩死是很悲惨的。

人们曾经认为河马属于猪科,但现在显示它与鲸的关系最为密切。河马分为两种:普通河马和矮河马。普通河马是排在非洲象和亚洲象之后的第三大陆生哺乳动物。

很少有动物会愚蠢到去攻击河马。河马是一种易怒的动物,特别是当有小河马的时候,它们可以用蛮力将狮子投入深水中淹死;把鳄鱼撕咬成两半。然而,河马是严格的素食主义者,主要食物是草,它们的行为大部分是出于自卫。

一只河马皮肤可重达 1 吨,占体重的 25%,厚 4 厘米——可以防止大多数的子弹攻击。河马的皮肤能分泌出红色油性液体,可以防止皮肤变干。这使得人们过去以为河马在流"血"。别被它们的大块头迷惑了,一只成年河马奔跑时可以轻易将一名男子甩在身后。

河马是除了鲸和海豚以外,唯一在水下交配生子的哺乳动物。它们关闭鼻孔、放下耳朵,将身体完全浸没在水中,每次停留时间能长达 5 分钟。

河马的呼吸令人惊骇。看上去它们是在打哈欠,实际上却吹掉了周围的一切东西,并发出一股令人厌恶的口臭,像是提醒别人不要靠近的警告,同时也是一个很好的忠告:河马的牙齿非常尖锐,下巴咔嚓一响就能轻而易举地咬断一根树枝。

河马只有 4 颗乳白色的牙齿，材质类似象牙，华盛顿(George Washington)的部分假牙就是用河马牙做的。

根据《牛津食品指南》(*Oxford Componion to Food*)，河马身上最好吃的部位是胸部，可与香料和香草一起慢炖。除了胸脯肉，后背肉也可用同样的方法烹饪。

斯蒂芬：一只河马皮肤可重达 1 吨，占体重的 25%，厚 4 厘米——可以防止大多数的子弹攻击。

琳达：所以你会对它说，你只是皮重，其实你很苗条。

哪个国家的老虎最多

美国。

一个世纪之前，印度有大约 40 000 只老虎，现在只有 3000—4700 只了。一些科学家估计,地球上现在只有 5100—7500 只野生虎了。

另一方面,仅在美国得克萨斯州就有 4000 只老虎被关在笼中。美国动物园和水族馆协会估计，美国有 12 000 只老虎是私人宠物。泰森(Mike Tyson)一人就拥有 4 只。

美国有这么多私人老虎的部分原因与他们的立法有关。只有 19 个州规定不能私人养老虎,15 个州要求有证件,还有 16 个州没有任何限制。

而且老虎价格也不贵。一个老虎俱乐部的会费只要 1000 美元,而 3500 美元就可以买到一对孟加拉虎;15 000 美元足以买到一只流行的蓝眼白虎。

讽刺的是,这是美国动物园以及马戏团饲养计划成功的表现。在 20 世纪 80—90 年代,过多的幼虎饲养导致了老虎价格的下降。动物保护协会估计,现在仅在休斯敦地区,私人拥有的狮子、老虎以及其他大型猫科动物就达到了 500 只。

到了 20 世纪,野生虎的数量明显下降。到 20 世纪 50 年代,里海周围的老虎都灭绝了,巴厘岛和爪哇岛上的野生老虎于 1937—1972 年间消失。野生华南虎也濒临灭绝,只剩下了 30 只。

尽管实施了各种保护措施,但人们仍然预计在本世纪末,所有的野生老虎都将灭绝。

家猫的体积大约只有老虎的 1%。

老虎无法忍受酒精的气味,它们会凶猛地攻击喝酒的人。

老虎在老年时,会逐渐褪色,谁能因此责备它们呢?

你会用何种工具来制服鳄鱼

a) 回形针

b) 弹簧夹

c) 纸袋

d) 手提包

e) 橡皮筋

对于长达2米的鳄鱼来说，一根普通的橡皮筋就足以让你逃脱。

鳄鱼或短吻鳄合拢下巴的肌肉非常强壮，其力量相当于一辆卡车掉下

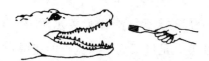

山崖产生的冲击力。但是鳄鱼张开下巴的肌肉却非常弱，你一只手就足以让它闭紧嘴巴。

鳄鱼和短吻鳄之间的区别在于，鳄鱼的吻更长更窄，眼睛更朝前，并且它们的第4颗牙齿从下腭中突出来，而不是正好伸进上腭。还有，一些鳄鱼生活在咸水中，而短吻鳄一般生活在淡水中。

"Crocodile"（鳄鱼）意思是鳄目爬行动物，其词源来自于希腊语"krokodeilos"。这个名字最先是由希罗多德(Herodotus)记录的，在他写的书里有鳄鱼在尼罗河多卵石岸边晒太阳的描述。"Alligator"（短吻鳄）是西班牙语"el lagarto das Indias"的误用，意思是"印度的蜥蜴"。

没有哪种动物在杀死你的时候会流泪。鳄鱼的眼泪这个荒诞的说法来自于中世纪旅行者的一本传记。这本书是1356年曼德维尔(John Mandeville)爵士写的，他写道："印度的许多地方都有一种很长的大蛇。这些大蛇在将人杀死后会流着眼泪把他们吃掉。"

鳄鱼确实有泪腺,但是眼泪直接流进嘴里,因此从外表不可能看到鳄鱼流泪。这个传说的来源也许是起源于鳄鱼的喉咙里湿滑眼睛的腺体,这些腺体在鳄鱼吞咽大块食物时,会分泌一种湿润眼睛的液体。任何一种鳄鱼和短吻鳄都不会微笑,因为它们没有嘴唇。

鳄鱼的消化液含有足够的盐酸,可以溶解钢和铁。另一方面,人们无需担心鳄鱼会住进城市的下水道中。太阳的紫外线可以帮助鳄鱼体内产生钙,没有紫外线的照射,鳄鱼无法存活。城市下水道中有鳄鱼的传说可追溯到 1935 年《纽约时报》(New York Times)的一篇报道。该篇报道说几个小男孩从纽约黑人住宅区的下水道里拖出了一条短吻鳄,并用铲子将其打死。这条鳄鱼可能是从船上掉下来的,然后沿着渠沟游进了下水道。

哪种动物最勇敢

在所有已颁发的迪金勋章获奖者中,信鸽的数量超过了一半。

该勋章由生病动物之家的创始人迪金(Maria Dickin)夫人于1943年在英国创立的。在1943—1949年间,生病动物之家分别颁发了54枚迪金勋章给32只信鸽、18条狗、3匹马以及1只猫。最近,2条在2001年9月11日将它们的主人从世贸中心的七十多层安全地引导了下来的导盲犬赢得了勋章。

"二战"期间信息受到封锁和袭击,信鸽大显神威。第一个赢得迪金勋章的鸽子名叫维基(Winkie),它在一架飞机坠毁后挣脱逃走,找到在苏格兰的主人。从它脏兮兮的外表,维基的主人大致估摸出它飞了有多远。利用这个信息,以及飞机最后留下的地理坐标,机组成员成功获救。

几年后,一只名叫古斯塔夫(Gvstav)的鸽子被派遣到通信员泰勒(Montague Taylor)那里。它飞过150英里,将诺曼底登陆的重要信息传递给了泰勒。古斯塔夫战后死于非命,有人在打扫阁楼时无意中坐到了它的身上。

1942年,行为科学家斯金纳(B. F. Skinner)想出一个主意,利用训练有素的鸽子来操控武器。训练鸽子啄船的图像给予食物奖励。3只鸽子被放在一个导弹的前端,一旦导弹发射,鸽子们便会在它们的窗户上看见船的图像,啄这张图像就触发了和导弹的导航系统连在一起的用于修正的机械装置。

船离得越近,它在屏幕上就显得越大,鸽子们啄得就越多,就在鸽子们在啄中目标以及被移开之前,谷粒从天而降。

这个系统在模拟时进展顺利,但最终,海军还是未将它用于实践。

鸽子导航技术的工作并没有完全浪费——有一段时间,美国海岸警卫队利用鸽子来导航搜救飞机。他们训练鸽子去啄橙色的点,这意味着鸽子在公海中寻找橙色的救生衣。鸽子的视力比飞行员要敏锐10倍。

什么样的蛇才能被称做 "毒蛇"

　　蝰蛇、眼镜蛇、响尾蛇以及曼巴蛇的毒液都不能被称为 "poisonous"（有毒的），而应该被称作 "venomous"（有毒腺的）。这里有一个很重要的区别：被称作 "poisonous" 的蛇的毒液是只有在你吞了它的时候才能伤害你，而被称为 "venomous" 的蛇的毒液是在其注射进你体内的时候就会伤害你。因此，只有当你咬了被称作 "poisonous" 的蛇时，或是被称作 "venomous" 的蛇咬到时才会中毒。

　　尽管专家们认为，也许还有其他的 "毒蛇" 尚待发现，但是目前为人所知的只有两种。一种是日本草蛇，它食用有毒蟾蜍，将蟾蜍的毒液储存在脖子中很特别的腺体里。当日本草蛇受到攻击时，它会蜷起其身体的前端让毒腺突出，结果是任何咬到它脖子（食肉动物经常攻击的地方）的动物都会接触到致命的毒液。然而，日本草蛇也可以将毒液注射进对方的身体而将其杀死。但是它的牙齿正好长在其嘴巴的后部，因此只有你真正惹恼了日本草蛇，你才会被它咬到。

　　北美水蜥长着橙色的肚皮和粗糙的皮肤，它并不是蛇，但它却是地球上最毒的生物之一。南美水螈的身体中充斥着河豚毒素——和河豚体内所含的毒素一样，这种毒素使得日本的河豚料理虽然美味但是也存在风险。1979 年，一个 29 岁的男子因为和人打赌在俄勒冈的一个酒吧吞食了一条水螈，结果数小时内他就死了。

　　唯一一种食用这些水螈仍可以存活（吃青草蛇也没事）的生物是袜带蛇。袜带蛇数量很少，也生活在俄勒冈。这给袜带蛇的捕食者们带去了致命的惊奇，比如说狐狸和乌鸦，它们特别喜欢吃袜带蛇的肝脏。

　　实际上所有的蜘蛛都是有毒的——包括英国记录的 648 种蜘蛛——

但是大部分蜘蛛都太小了，因而它们微型的口器不足以刺穿人类的皮肤注射毒液。

蜘蛛在盎格鲁—撒克逊语中叫作"attercop"，字面意思为"毒液—头"。"毒液"来自于"ator"，而"头"来自于"cop"。

就我们所知，没有什么蜘蛛被人吃下后会让人中毒。比如说，柬埔寨的人们吃的香脆塔兰托毒蛛就没有产生什么致命后果。

骆驼的故乡是哪里

骆驼的故乡是北美。

这种非洲和阿拉伯沙漠的象征其真正故乡是美洲。

像马和狗一样,2000 万年前骆驼生活在美洲的草原上。那时,骆驼更像长颈鹿或者瞪羚,而不是我们现在认识并喜爱的、带着驼峰负重的动物。直到 400 万年前,骆驼才穿过白令陆桥来到亚洲。

在最后一次的冰川期,北美的骆驼灭绝了。它们没有像马和狗那样重新回到北美。

人们并不清楚为什么北美骆驼这个品种消失了。气候变化也许是一个显而易见的凶手。更明确的原因是草中硅含量的变化。由于北美的气候变得更加寒冷和干燥,草中硅的含量提高了 3 倍。这种非常难嚼的新草磨损了食草动物的牙齿,甚至最大的锯齿状牙齿也被磨平了。马和骆驼因为无法咀嚼草而逐渐饿死。

也有一些证据表明,10 000 年前消失的白令陆桥阻断了这些已经变弱的动物逃至亚洲的道路。最终它们被猎人杀尽。

哪种音乐最吸引蛇类

事实上它们并不在意,因为所有音乐对它们都一样。

在玩蛇艺人手里,眼镜蛇只是对它**看见**的长笛有反应,而不是对长笛发出的声音。

蛇虽然不聋但也"听"不懂音乐。它们没有外耳或者鼓膜,但它们能够从它们的下巴和腹部肌肉感受到通过地面传送来的振动。它们似乎也可以用内耳察觉从空气传播来的声音。

因为对强烈的噪声没有反应,过去蛇一直被认为听不到任何声音。不过普林斯顿大学的研究表明它们具有敏锐的听觉。

此发现的关键是对眼镜蛇内耳功能的研究。为了测试空气传播的声音对其大脑的影响,实验时将蛇用导线和电压计相连。结果显示,它们只能听到一定频率范围的噪声以及大型动物移动时产生的震动,所以音乐对它们来说是毫无意义的。

看似"被取悦"的眼镜蛇在长笛移动的时候感觉受到了威胁,它们直立。但是一旦它们攻击笛子,人们会惩罚它们,因此摆动身体的眼镜蛇再也不会主动攻击长笛了。

绝大多数的眼镜蛇在表演前已经拔去了毒牙。即使没有被拔掉,它们也只能伤害到攻击范围内的敌人,就像你将肘部放在桌子上时你的手只能达到一定范围那样。

眼镜蛇的自然天性是防御,不是攻击。

艾伦:在我小的时候,电视里每周都会出现响尾蛇,而现在电视上已经看不到它的踪影了。在20世纪70年代响尾蛇可是大事件。

小提琴琴弦由什么制成

小提琴弦从来不是用猫肠制成的。

这个谣言始于中世纪意大利小提琴制作工匠，他们发现羊肠十分适合制作琴弦。当时人们认为杀害小猫会带来霉运，为了保护自己的发明，他们故意告诉其他人琴弦是用猫肠制成的。

传说有一个叫伊拉斯莫(Erasmo)的马鞍匠，居住在靠近佩斯卡拉的阿布鲁齐山脚下一个名为萨勒的小村子里。一天他偶然听见风吹过挂着的风干羊肠的声音，突发奇想地觉得它们也许可以成为不错的琴弦。就这样，用羊肠做文艺复兴时期小提琴琴弦的历史就此开始了。

萨勒村在之后 600 年间逐渐成为小提琴琴弦的制造中心，伊拉斯莫也被奉为琴弦制作者的守护神。

虽然发生在 1905 年和 1933 年的两次大地震让萨勒村的琴弦制造业走到了尽头，不过世界两大顶尖小提琴弦制造商——达达里奥和玛瑞，仍然是萨勒人的家族产业。

在 1750 年前，所有小提琴用的都是羊肠琴弦。肠子必须趁热从羊的体内取出，剔除脂肪后在冷水中搓揉浸泡。选最好的部分切成带状，之后反复弯曲和刮擦，直到琴弦得到合适的薄度。

今天的小提琴弦中还混合了尼龙和金属。但大多数小提琴发烧友还是认为，只有羊肠琴弦才能奏出最柔和的曲调。

瓦格纳(Richard Wagner)①散布了一个可怕的故事，以诋毁他一直厌恶

---

① 瓦格纳(1831—1883)，德国作曲家。杰出代表作为《尼伯龙根的指环》四部曲，西方音乐史和文化史上的重要人物之一。——译者

的勃拉姆斯(Johannes Brahms)①。他声称勃拉姆斯从捷克作曲家德沃夏克(Antonín Dvořák)②那儿收到了一个名为"波西米亚人之雀——杀人弓"的可怕礼物,并用此射杀那些从他维也纳公寓窗口路过的猫。

瓦格纳还继续说道:"在干掉了可怜的小东西之后,他用对待一条被捕捞的鳟鱼似的方式将它们丢进自己的房间。然后他会一边雀跃地听着预想中受害者们的呻吟,一边小心地在笔记本上记下它们的生前记录。"

瓦格纳从来没有拜访过勃拉姆斯,也没有去过他的公寓,似乎也不存在任何关于"杀人弓"的记载——更遑论是由德沃夏克送出的了。

猫很容易死去,就像其他所有物种一样,沉默地消亡。

即使这样,莫须有的谣言还是缠上了勃拉姆斯,瓦格纳的一面之词最终演变成了真实素材,并在诸多传记中有记载。

斯蒂芬:事实上,猫的肠子从来没有被制成过琴弦,造谣者是谁还是个谜。

艾伦:是狗。

---

① 勃拉姆斯(1833—1897),德裔奥地利作曲家。作品很多带有古典风格特色,作品丰富,多为弦乐、协奏曲、民谣等。——译者
② 德沃夏克(1841—1904),波西米亚(捷克)作曲家。勃拉姆斯的友人,以弦乐室内乐闻名。——译者

猫从几楼掉下不会死

7 楼以上的任何一层。

当高度达到 7 层楼时,只要提供充足的氧气,猫从哪一层掉下来实际上都不再重要了。

和其他许多小动物一样,猫有一个非致命的临界速度——约每小时 100 千米。猫在空中放松后,能调整自己的身形,并展开身体,像打开了降落伞。

临界速度是物体自由下落过程中,当空气阻力等于自身重力时的速度,此时下落的加速度为零。人也有非致命临界速度,为每小时 195 千米,人要达到这个速度需要从至少 550 米的高处落下。

曾有不少猫从 30 层楼或者更高的地方坠下而没有受伤的记录。有一只猫从 46 层的高楼坠下还得以幸存。更不可思议的是,另一只猫——从在 244 米高空中飞行的塞斯纳小型飞机上被扔下,也奇迹般地生还了。

在一本出版于 1987 年的美国兽医学会期刊上,曾讨论研究了纽约的 132 例猫从高楼摔下案例,平均楼层高度为 5.5 层。九成左右的猫活了下来,但大部分严重受伤。这个数据显示,7 层楼高度以下,猫从越高处坠落,受到的伤害越大;在 7 楼以上,受伤害的概率则大大减少。换句话说,猫掉下来的高度越高,生还的机会越大。

人类历史上最著名的"自由落体"事件发生在乌洛维克(Vesna Vulovic)身上。1972 年,她乘坐的南斯拉夫 DC10 型飞机在 10 600 米的高空被恐怖分子的炸弹炸毁,她从 10 600 千米的高空摔下。另一位奇迹般生还的人是英国皇家空军的一名中士艾克梅德(Nicholas Alkemade)。1944 年他在"兰开斯特号"战机上担任机尾射手,飞机失事后从 5800 米的高空跳下。

乌洛维克在事故中双腿受伤,脊柱损伤。但还是要感谢她的座椅和盥洗室,下坠时帮忙减缓了不少冲击。

艾克梅德在坠落过程中被一棵松树挡了一下,后来又落到了一个大雪堆上,因此奇迹般地毫发无损,他立刻恢复了气力,平静地抽起了烟。

克莱夫:他们有没有用别的动物做过实验?比如用仓鼠和狗?

斯蒂芬:我不知道。

艾伦:我希望他们用牛做一下实验。

渡渡鸟是如何灭绝的

a）被捕食

b）被捕捉供玩乐

c）失去了栖息地

d）生物界的优胜劣汰

渡渡鸟有一个不令人艳羡的双重特性，就像谚语中将它比作"死亡和愚蠢的象征"。

渡渡鸟天性是一种不能飞的鸟，原来生活在非洲岛国毛里求斯，它们在当地的自然环境下进化和生活，没有地面上的天敌。渡渡鸟在不到100年前就已绝种，其灭绝的主要原因是赖以生存的森林环境遭到破坏，同时这个岛上又被引入了猪、鼠、狗等外来物种。

现在能够确定的是，渡渡鸟是属于鸠鸽科中的一种，但不像其他著名的已灭绝禽类（如旅鸽），因为几乎不能食用，它也不是由于作为食物被猎杀而灭绝的。荷兰人称之为"walgvogel"，意思就是令人厌恶的鸟。

葡萄牙人说渡渡鸟是不友好的称呼，它的意思是"笨蛋"（像它的叫声"渡—渡"一样）。事实上因为它们完全不惧怕人类，看见人也不会逃跑。它们最大的价值也仅限于作为赛鸟。渡渡鸟在1700年时完全灭绝。

1775年，牛津艾希茂林考古与艺术博物馆①的馆长认为馆藏的渡渡鸟标本已被虫蛀，难以保存了，就将它丢到火堆中。这是世上仅存的渡渡鸟的实物标本。所幸一名路过的博物馆员工抢救了它并设法恢复，但也只能保全标本的头部和一只翅膀的部分。

在很长的时间内，人们对渡渡鸟的了解只能凭借这些残余的标本、屈

---

① 该博物馆1683年建成，位于英格兰的牛津，是英国最古老的公共博物馆。——译者

指可数的描述、三四幅包含渡渡鸟题材的油画以及很少几块渡渡鸟的骨骼。这比我们知道的恐龙的知识还要少。在 2005 年 12 月间，毛里求斯发现了一个大型的渡渡鸟墓穴，这为人类准确复原渡渡鸟提供了重要的依据。

从渡渡鸟的灭绝一直到 1865 年《艾丽丝漫游奇境记》(Alice's Adventures in Wonderland)出版之前，渡渡鸟被人们彻底遗忘了。道奇森(Charles Dodgson)①[更出名的是他的笔名卡罗尔(Lewis Carroll)]是牛津大学的数学讲师，他一定是曾在艾希茂林博物馆见到过渡渡鸟的标本。

渡渡鸟出现在《艾丽丝漫游奇境记》的"决策委员会的竞赛"一节中，这个"竞赛"没有明确的起点和终点，每位参赛者都获得了奖品。在道奇森第一次讲这个故事时，讲到每一种鸟都符合船队成员的条件，在那里他基于自己知道的情况介绍了渡渡鸟。

坦涅尔(John Tenniel)②爵士在书中为渡渡鸟画的插图很快使这种鸟出了名。俗语"像渡渡鸟一样死"也是从那时出现的。

---

① 道奇森，英国儿童读物作家刘易斯·卡罗尔的真实姓名，《爱丽丝漫游奇境记》的作者。——译者

② 坦涅尔，英国插图画家和讽刺画家，1865 年的《爱丽丝漫游奇境记》插画为其代表作。——译者

鸵鸟会把头埋在沙土里吗

没有一只鸵鸟会将头埋在沙土里，如果这样做它就会窒息而死。当危险来临时，鸵鸟会和像其他明智的动物一样逃跑。

关于"鸵鸟将头埋在沙土里"的谣言可能是由于鸵鸟有时会在自己的窝里（地面上的浅洞）小憩，将它们的脖子平直地伸出来，以便观察地平线上出现的情况，躲避出现的危险，如果天敌离得太近了，它们就迅速起身然后跑掉。它们能以每小时 65 千米的速度跑上 30 分钟。

鸵鸟是世界上体型最大的鸟，雄性鸵鸟的身高可达 2.7 米，但它们的大脑小得像一颗核桃，甚至比它们的眼球还要小。

按照林奈（Carolus Linnaeus）[1]的分类，鸵鸟属于鸵鸟目，大概是因它们生活在沙漠地区并且有像骆驼一样的长颈。希腊语中，鸵鸟的意思是"大麻雀"。

鸵鸟将头埋在沙土里的说法首先是罗马历史学家老普林尼提出的，他还认为鸵鸟靠专注地盯着看就能孵化它们的蛋。

他并没有提及说能吞咽一些奇怪的东西。石头可以帮助鸵鸟消化，为了消化食物，鸵鸟会吞下铁、铜、砖头或玻璃。在伦敦动物园有一只鸵鸟曾吞下过一根绳子、一卷胶卷、一个闹钟、一个自行车阀门、一枝铅笔、一把梳子、三只手套、一块手帕、一条金项链的部分、一块手表和一些硬币。

一只鸵鸟在纳米比亚因为吞下过钻石而声名大噪。

艾伦：如果你看到鸵鸟奔跑的背影，你会发现它看上去像一个人类。

吉米：它看上去像一个人类？

艾伦：它的腿像人类。

吉米：你和鸵鸟一起外出过吧。

---

[1] 林奈，瑞典植物学家和探险家。第一个创造出了统一的生物命名系统——双名法。——译者

大猩猩在哪里睡觉

它们睡在窝里。

这些体型巨大的、具有强健肌肉的灵长类动物，每天晚上(有时在饱食一顿午餐后)都要新建一个窝，并将窝建在地面或者低矮的树杈上。

一个窝里，除了幼小的猩猩外，通常只有一只成年大猩猩。

它们的窝没有艺术性可言，只是将树枝堆合、编织在一起，将柔软的树叶铺作床垫，通常10分钟内就完成了。雌猩猩和小猩猩更喜欢睡在树杈间，雄猩猩或"银背大猩猩"(指背部颈下方有银白色毛的雄性成年大猩猩，大猩猩群的领导者)睡在地面上。

根据一些记述，在低地生活的大猩猩的窝是比较讲究卫生的，并且也建得考究一些，而生活在山上的大猩猩居住条件就差一些，它们常常将窝弄脏，睡在撒有它们自己大小便的土墩上。

大猩猩不会游泳。它们有48条染色体，比人类多两条。

每年大猩猩作为"野味"被人类捕杀吃掉的数目比世界所有动物园中大猩猩的总数还要多。

世界上最常见的鸟类是哪种

　　单从范围来算,鸡最常见。

　　世界上大约有 520 亿只鸡:相当于每个人可以分到 9 只。75%的鸡被作为食物吃掉,但是大约有 3000 年的时间里,养鸡的目的主要是为了吃它们的蛋。在罗马人到英国之前,英国人只吃蛋,不吃鸡。

　　世界上所有鸡的祖先是一种名叫红色原鸡的雉科鸟(又称祖鸡),原产于泰国。现代与其关系最密切的是斗鸡场里的斗鸡。

　　大规模养鸡和生产鸡蛋大约始于公元 1800 年。人们将鸡肉作为鸡蛋的副产品来食用。那时,只有当鸡太老了,不能再产蛋时才被人杀掉,并且被作为肉类卖出去。1963 年,鸡肉还是人类餐桌上的一道奢侈品。直到 20 世纪 70 年代,鸡肉才成为了大多数家庭购买的肉类。在英国,现在食用鸡肉的数量几乎占食用肉类总数的一半。

　　由于选择育种和使用激素的原因,现在鸡不到 40 天就达到了它的成熟期,这比它在自然环境中的成长周期缩短了一半时间。

　　世界上所有的鸡中有 98%(甚至是有机绿色鸡),都是由美国的 3 个公司改良培育的。世上超半数的"烤焙用嫩鸡"(食用鸡)是 Cobb 500s 品种鸡,20 世纪 70 年代由 Cobb 育种公司培育。

　　在公元 1500 年前,整个美国没有一只鸡,鸡是由西班牙人引进的。

　　超过 $\frac{1}{3}$ 的英国鸡是一个苏格兰公司生产的,名字是格兰扁区国家食品集团。它为所有主要超市的连锁店提供鸡肉,同时此公司也是英国保守党的主要捐赠方。他们使用 8 台大型鸡肉集成加工设备,每周可以加工出 380 万只鸡。其中有一套设备是在泰国,他们的座右铭是"传统优质"。

绝大部分出售的食用鸡肉来自雌鸡。用作食用的雄鸡是经过阉割的，被称为阉鸡。现在人们采用化学的方法就可以阉割雄鸡——在雄鸡的体内注射可以引起睾丸萎缩的激素。

鸡脚的行业术语是"鸡爪"。即使中国本身已经饲养了 30 亿只鸡，美国生产的大部分"鸡爪"还是会出口到中国。

丹麦语中的鸡叫"gok-gok"，在德语中是"gak gak"，泰国鸡则是"gook gook"，荷兰语称为"tok tok"，芬兰和匈牙利语中是"kot kot"，更高级的用法是法国母鸡——"cotcotcodet"。

罗里：(讨论鸡的性)我不知道母鸡下蛋的洞，唔，这样说合适吗？

艾伦：好吧，它们从哪里下蛋？

杰米：这个想法太妙了！

肖恩：尤其你得到一个公鸡蛋的时候。

哪种体育项目被英国人称为"国王的运动"

　　根据时代的不同,"国王运动"这个词曾被用在:战车竞赛、马上长矛格斗、猎鹰训练、草地滚木球、马球和近年来的马术。

　　然而,在过去 2000 年中,只有一项"运动"曾击败过以上所有项目,得到英国"皇室"标志:斗鸡。

　　直到 1835 年斗鸡被禁止之前,它一直是英国人的全民运动,在每个村子里至少都有一个斗鸡场。从皇室成员到小学生,人人都可以参加斗鸡比赛,就连威斯敏斯特宫和唐宁街都有斗鸡场。在每个忏悔星期二①,男孩子只要花一个"雄鸡便士"的入场费,就可以把自己的斗鸡带到学校斗上一天。

　　没有人知道斗鸡比赛是何时又是以何种方式来到古代英国的。有一种传说是腓尼基商人将斗鸡带到了英国,但是现在看来更可能是铁器时代从东方来的移民将斗鸡带到了英国。早在公元前 54 年,恺撒大帝就对古英国人养鸡不吃肉,反而用之比斗的做法大为惊叹。

　　举世公认,古英国斗鸡比赛是世界所有斗鸡比赛中最凶猛的。一只优秀的斗鸡不需要什么特殊的刺激就会与对手展开殊死搏斗,从此成为杰出的斗鸡。

　　养鸡人之间的较量极端激烈。他们为斗鸡专门配制的"提升士气"的饲料配方秘不外传。不过,用温尿液浸泡饲料的方法人尽皆知。公鸡的头冠和肉垂被去掉,鸡腿捆绑上像雄鸡"距"样的小铁坨。

　　一个斗鸡高手会毫不犹豫地将公鸡受伤的头部放到自己的嘴里,将血吸吮干净。赛马和斗鸡往往同时进行,因为两者都具有赌博性质。

---

① 忏悔日也称忏悔星期二,基督教大斋期的前一天。——译者

有些斗鸡的血统充满了传奇色彩。切斯特附近由贝尔塞伊医生饲养的白派尔斗鸡以"柴郡摔倒"著称。眼看着这只斗鸡倒在地上不行了时，它却又突然暴起展开更凶猛的攻击。

斗鸡比赛在美国的路易斯安那州和新墨西哥州仍然合法，而在田纳西州和阿肯色州等另外 16 个州只被定性为"不正当行为"。

斗鸡一般为年满一岁的公鸡。未满一岁的叫做"小公鸡"或被养鸡人称为"stag"。这项"国王运动"中常听到的术语有："游戏"（准备参加比赛）、"斗上了"、"调头就逃"、"露出白毛"（胆怯）、"露出干净的铁距"、"趁钱"（原意是拥有尖利的自然距）、"绝对自信"和"斗鸡眼"（斜视）等。

蜜蜂为什么会"嗡嗡"作响

　　它们是为了传递信息。

　　蜜蜂在传递信息时,就像它们做动作或者跳"舞蹈"一样,也会发出嗡嗡的声音。人们已经可以鉴别出蜜蜂发出的 10 种不同声音,其中有一些与特殊的活动有关。

　　最明显的活动是"扇动翅膀",目的是使蜂房变得凉爽。扇动时的声音很大很稳定,其频率约为每秒 250 次,加上蜂房本身也可以放大这种声音。蜜蜂也会在遇到危险时发出更响亮的信号(任何一个靠近蜂房的人都可以注意到它们音调的改变),随后发出一连串每秒 500 次脉冲的声响,表示"警报解除",蜂房变得平静了。

　　蜂后拥有更广的音域。当一只新的蜂后孵出时,它发出一种被称为"笛声"或"喇叭声"的特殊高音调,它的姐妹们(仍然蜷缩在它们的巢室里)用一种"嘎嘎"的叫声回答它。"在一个蜂群中只有一只蜂后"的说法是十分严重的错误。在这种"嘎嘎"声的指引下,新孵化出的蜂后会依次将那些没有孵化的姐妹挖出来,撕开它们的蜂房,将它们刺死,或者弄断它们的头。

　　在蜂房里,蜜蜂将用腿听到的"消息"通过振动的强度来传递。但是最近进行了关于蜜蜂触角作用的研究表明,它们的触角像化学感受器一样,以通过"闻"的方式来传递信息。蜜蜂的触角隐藏在一个鼓膜般的盘子里,这可能就是蜜蜂的"耳朵"。

　　上述观点可以解释为什么有一些工蜂在接受"摆动舞蹈"的信息时,是用它们的触角去接触舞蹈蜜蜂的胸部,而不是它们摆动的腹部——它们正在聆听采蜜的方向,而不是观看舞蹈。毕竟,蜂巢里是很暗的。

　　关于蜜蜂如何发出"嗡嗡"的声音很有争议。最近的主流观点认为,蜜蜂是用沿着它们身体两侧的 14 个呼吸孔(称为"通气孔")来发声,这好比一个喇叭手用嘴来控制喇叭的声音一样。

但加利福尼亚大学的昆虫学家对此理论提出质疑,他们用实验的方法将蜜蜂的通气孔小心地堵住,蜜蜂仍然能发出"嗡嗡"声。

最新的假设是蜜蜂发出的"嗡嗡"声中有部分是由于翅膀的振动引起的,胸部随后将这种声音放大。剪下蜜蜂的翅膀后虽然可以改变声音的音色和强度,但不能中止"嗡嗡"声。

第七部分

漫谈人类生活

什么东西比战争还危险三倍

工作是比酒精、毒品或者战争更为厉害的杀手。

每年大约有 200 万人死于与工作相关的事故和疾病，而只有 65 万人死于战争。

在世界范围内，最危险的工作是在农业、采矿业和建筑业中。根据美国统计局的统计，2000 年有 5915 人死于工作——包括那些心脏病突发死在工作桌边的人。

伐木工的工作最为危险，每 10 万人中就有 122 人死亡。第二、第三危险的工作是捕鱼者和飞行员——他们的死亡率是 0.101%。你肯定听过，几乎所有的飞行员都是死于小型飞机的坠毁，而不是大型客机事故。

尽管金属加工和采矿钻孔的死亡率不到采伐工的一半，但是它们仍然分别是第四和第五危险的工作。

在所有的职业中，第三大死因是谋杀，它夺走了 677 个人的生命。有 50 个警察被谋杀，另外还有 205 个售货员。

从高处坠落是第二大死因，占了总体的 12%。盖屋顶的工人和搭金属结构的工人是主要的受害者。

工作中最常见的死因是车祸，占了整体的 23%。甚至死于车祸的警官人数都稍稍多于死于被谋杀的警官。

据说最最危险的工作是在阿拉斯加白令海捕蟹。

我们可以用皇家统计学会杂志编辑达克沃斯(Frank Duckworth)博士发明的达克沃斯等级来计算死亡风险。它度量了任何活动导致死亡的可能性。最安全的活动的数值为 0，而数值达到 8 的活动便会导致某种死亡。

俄式轮盘赌的风险达到 7.2。20 年来攀岩活动的风险值为 6.3。被谋杀的风险值为 4.6。一个清醒的中年司机开车行驶 160 千米的风险值为 1.9，稍稍高出一个具有破坏性的小行星撞击地球(1.6)。

在达克沃斯等级中，5.5 是特别危险的，它既是任何人在用吸尘器清扫、洗刷或者在街上散步时的死亡概率，又是车祸或者是意外坠落的死亡风险值。

斯蒂芬：你在工作中死亡的概率高于你在战争中死亡的概率。

艾伦：包括士兵吗？

兽数究竟是几

答案是 616。

2000 多年来，666 这个数字已经成为了可怕的反基督的象征，这些反基督徒会在最后的审判来临之前统治世界。对很多人来说，这是个不吉利的数字，甚至欧洲议会都将 666 这个坐席空着。

这个数字来自《圣经·启示录》，它是圣经的最后一篇也是最奇怪的一篇："凡有聪明的，可以算计兽的数目。因为这是人的数目，他的数目是六百六十六。"

但是这个数字是错误的。2005 年，最早为人们所知的《圣经·启示录》的新译文显示这个数字是 616，而不是 666。帕克（David Parker）教授带领的伯明翰大学古文研究队伍在埃及俄克喜林库斯城的垃圾堆中发现了 1700 年前的纸莎草古文书。

如果这个新数字是正确的，那些花了小财避开数字 666 的人一定不会觉得开心。2003 年，美国人把 666 高速公路——被叫作野兽之路——重新命名为 491 高速公路。莫斯科运输部门更不会觉得好笑。1999 年，他们为不吉利的 666 巴士路线选了一个新号码。而这个新号码正是 616。

自公元 2 世纪以来，这个争论就没有停止过。《圣经》的另一个版本引用的"兽数"为 616，这个版本被里昂的神学家圣爱任纽（St Iranaeus）斥责为"错误的，假的"。马克思（Karl Marx）的朋友恩格斯（Friedrich Engels）在他的《宗教论》（Religion）中分析了《圣经》。他也将这个数字记为 616，而不是 666。

《圣经·启示录》是《圣经·新约》中的一篇，内容充满了字谜。希伯来字母表有 22 个字母，每个字母都有一个相对应的数字，这使得任何数字都可以读成一个单词。

帕克和恩格斯都争论说,《圣经·启示录》是反罗马的政治宣传册,它被编成命理学密码以隐藏信息。"兽数"(不管是多少)指的是罗马皇帝卡利古拉(Caligula)或者尼禄(Nero),他们是早期基督教徒所憎恨的压迫者,而不是一些想象中的可怕人物。

对数字 666 的恐惧在古希腊语中被称为 Hexakosioihexekontahexaphobia,对数字 616 的恐惧被称为 Hexakosioidekahexaphobia。

一个轮盘赌上的全部数字加起来等于 666。

贞洁带是怎么回事

　　十字军东征将士用贞洁带把自己的妻子锁起来,然后把钥匙挂在脖子上,骑马杀向战场——这种说法其实是 19 世纪取悦于读者的一种怪诞想象。

　　没有证据表明中世纪的人们使用贞洁带。第一幅关于贞洁带的绘画出现在 15 世纪。凯瑟(Konrad Kyeser)的作品《战斗堡垒》(*Bellifortis*)写于十字军东征结束之后很久,内容是关于当代军事武器。书中有一幅佛罗伦萨妇女穿的"金属裤子"的插图。

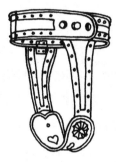

　　在这幅插图中明显可以看到钥匙。这说明,为了保护自己不受佛罗伦萨纨绔子弟的骚扰,控制这个装置的是这位女士本人,而不是千里之外的骑士丈夫。

　　在博物馆的馆藏中,大多数"中世纪"贞洁带的真实性都受到了质疑,因此它们被撤下了展台。和"中世纪的"刑具一样,大部分的中世纪贞洁带都是 19 世纪由德国制造的,似乎是为了满足收藏"专家们"的好奇心。

　　在 19 世纪,还出现了新型贞洁带销售量上涨——但是这些贞洁带并非供女士所用。

　　维多利亚时代的医学理论认为,手淫有害健康。没有自控能力的男孩们被迫穿上这种改进了的钢制内裤。

　　但是贞洁带真正的热销却是在最近的50年中,原因是"成人商店"巧妙地利用了这种繁荣的束带市场。

　　现在市场上的贞洁带要比中世纪时多得多。令人感到矛盾的是,它们现在是用来刺激性爱,而不是阻止性爱。

图坦卡蒙的咒语是什么

并没有什么咒语。这只是众多文章所编造的故事。

《每日快讯》(*Daily Express*)驻开罗记者报道说,从卡特(Howard Carter)1922 年发现图坦卡蒙墓后,进入墓穴的所有人都被"法老"的咒语杀死了,这一报道其后又被《每日邮报》(*Daily Mail*)和《纽约时报》转载。

报道中提到了一条铭文,大意是:"对于这个神圣墓穴闯入者,死神将立即降临。"

事实上,并没有这样的铭文。与之相近的,是豹头人身神庙的铭文,释读为:"我用沙子封堵了这个神秘房间,我受到死神的保护。"

柯南道尔(Conan Doyle)先生是卡特探险的追随者,他也对传言深信不疑,在其书中,他常常提到"可怕的咒语"。墓葬打开几个星期后,卡特的赞助人,卡那封(Caernavon)勋爵死于蚊子叮咬引起的败血症。当时著名的畅销书作者科莱里(Marie Corelli)就宣称,她曾经警告过勋爵,如果他打开墓葬封条,将会发生某些事情。

事实上,这两人只是重复了一种历史不超过 100 年的迷信思想,年轻的英国小说家韦布(Jane Loudon Webb)创造了它。韦布最著名的小说《木乃伊》(*The Mummy*)首创了受诅咒墓葬的概念,故事讲述了一个木乃伊复活后去报复亵渎者的故事。

这一主题渗透到了各种题材的故事中,连《小妇人》(*Little Women*)的作者奥尔科(Louisa May Alcott)也写了一个木乃伊的故事,但她的最大突破是"图坦卡蒙热潮"的出现。

人们尚未在古代埃及墓葬中发现过一条咒语。传说中,有 26 人死于"图坦卡蒙咒语",但《英国医学杂志》(*British Medical*)2002 年发表的研究表明,墓葬打开后的 10 年间只有 10 个人死亡。卡特以前也被认为死于咒语,实际上他在墓葬打开后,又活了 17 年。

但是,故事没有结束。1970 年,当图坦卡蒙墓中的随葬品到西方巡展时,在旧金山一个守卫展品的警察因为被"木乃伊的咒语"轻轻地碰了一下,就向法院提出了控诉。

2005 年,图坦卡蒙的断层扫描结果显示,这位 19 岁的法老,身高 1.7 米,削瘦,有着怪怪的龅牙。以往传说图坦卡蒙的兄弟谋杀了他,研究发现他的死因,更可能是来自受感染的膝盖。

克莱夫:我们无需多操心……上帝保佑我们走好运。

"V"字手势是怎么来的

它的来源与箭术无关。

"V"字手势最早的出现记录要追溯到1901年,在当时的一部纪录片中的一个镜头里,有一个年轻人很明显不想被拍到,他在罗瑟勒姆的铁门外用这个"V"字手势遮住了摄像机。这证明了19世纪末就有人开始使用这个手势,但是它和阿金库尔战役中的弓箭手没什么关系。

传说,英国的弓箭手们挥动手指鄙视法国弓箭手,因为法国弓箭手有个习惯,就是割掉被俘弓箭手的手指。一个没有手指的弓箭手就是废物,因为他再也拉不开弓了。

尽管有一位历史学家说他发掘出了一份当时的见证人对亨利五世战前演讲的记录,其中提到了法国人的这一行为,但是没有同时期的资料证明15世纪早期就有人使用"V"字手势了。尽管1415年阿金库尔战役有很多编年史家在场,但是没有一个人提到弓箭手使用了这种挑衅的手势。而且,即使弓箭手被法国人俘虏,他们也更有可能被杀掉,而不是让法国人费时又费力地将他们的手指切掉。一般囚犯会被赎出去,但是人们认为弓箭手是劣等商品,卖不出一个像样的价格。最终,人们所知道的任何关于阿金库尔战役的文献都没有比20世纪70年代早期更早的了。

我们可以肯定的是"竖中指"的起源比"V"字手势还要早很多。很显然它象征着无耻,罗马人把中指看作是"猥琐的手指"。在阿拉伯社会,"倒竖中指"意味着阳痿。

不论"V"字手势起源于什么时候,直到现在它都不是全球通用的。1940年,丘吉尔(Winston Churchill)用倒过来的"V"字手势来表示胜利,别人轻轻地告诉他这样的手势很粗鲁。

女权主义者如何处理她们的胸罩

她们什么都没做。

1968 年在新泽西州大西洋城举办的"美国小姐"选美比赛,可能是历史上最有影响的一次女权抗议活动。

当时,一小股抗议者举行了示威游行,高举着煽动性的标语,"人性地对待我们"和"她们甜美吗? 把沾满铜臭的手拿开"。

她们将一只羊加冕为"美国小姐",并把高跟鞋、胸罩、卷发器和镊子都扔进了"自由垃圾桶"。

她们并没有烧了胸罩。本来她们想这样做,可是警察提醒她们,站在木板道上焚烧东西是非常危险的。

焚烧胸罩的传言肇始于一篇文章,作者是《纽约邮报》的一名年轻记者,名叫格尔德(Lindsay Van Gelder)。

1992 年,她告诉《女性杂志》(Mos.)的编辑:"我报道了这场抗议活动的高潮, 抗议者们正在准备焚烧自由垃圾桶中的胸罩、束腹带和其他东西……大标题经过艺术加工,成了'烧胸罩的人'"。

这个标题足够夺人眼球。全美国的记者根本没有仔细了解事情的真相就相信了。格尔德让媒体疯狂了,其中包括像《华盛顿邮报》(Washington Post)这样谨慎的媒体。他们把"全国妇女解放组织"的成员看作"近来在大西洋城美国小姐选美比赛中焚烧内衣的人"。

现在,这个事件被引用到教科书中,作为研究当代荒诞故事如何起源的范例。

切罗基人如何念Cherokee

他们的发音和英语不一样。切罗基语中没有"ch"或者"r"这个音。

正确的拼法是 Tsalagi(切罗基人对本族名称的发音)。"Cherokee"是一个克里克印第安语里的单词,意为"说其他语言的人"。切罗基人更喜欢称呼自己为最重要的人。

今天的世界上大约生活着 350 000 名切罗基人,其中有 22 000 人说切罗基语。他们的字母表是由塞阔雅(Sequoyah)发明的,他是一位切罗基印第安人,还有个名字叫作乔治·盖斯(George Guess)。他是人们所知道的历史上唯一一位未受过教育出发明书面语言的人。

塞阔雅的母亲是切罗基人,父亲是一个生于德国的毛皮交易商,名叫纳撒尼尔·盖斯(Nathaniel Guess)。塞阔雅不是先天残疾,就是年轻时受过伤害,因为他的名字"塞阔雅"在切罗基语中的意思是"猪脚"。

塞阔雅最早于 1809 年表现出对创造切罗基语字母表的兴趣。他是一名技巧娴熟的银匠,且尽管身有残疾,仍成为了一名勇敢的士兵。1814 年,塞阔雅在杰克逊(Andrew Jackson)切罗基军团中,在马蹄湾战役中与英国人和克里克印第安人战斗。在富有的佐治亚农民希克斯(Charles Hicks)教会他如何写自己的名字后,塞阔雅在他的银器作品上签上了自己的名字。在服兵役期间,切罗基人不像白人士兵,他们不会给家人写信,也收不到家人的来信,所有的战场命令都必须牢记心中。塞阔雅发现了这件事,他由此坚定了为切罗基人制作一个字母表的信念。

塞阔雅花了12年的时间制成了这张字母表,他将这85个字母称为"会说话的叶子"。他于1821年将该字母表展示给了切罗基的首领,它立刻就被接受了。而且因为他的字母表非常简单,一年之内几乎整个部落都能够读写了。

在采用了这个字母表 7 年后，第一家切罗基语言报——《切罗基凤凰报》(*The Cherokee Phoenix*)——于 1828 年创刊发行。

亨德里克斯(Jimi Hendrix)，帕顿(Dolly Parton)和谢尔(Cher)据说都有切罗基血统。

"野牛比尔"①对水牛做了什么

他什么也没做。北美没有水牛。然而,"野牛比尔"(Buffaelo Bill)确实杀了很多头**野牛**——在不到18个月内杀死了4280头野牛。

水牛(buffalo)这个词经常被误用成野牛(bison)。北美草原的野牛与亚洲水牛、非洲水牛并没有关系。它们最近的共同祖先在600万年前就灭绝了。

野牛种群的数量从17世纪的6000万头锐减到19世纪末几百头。今天大约有50 000头野牛在野外游荡。为了获取肉类,人们进行了野牛家牛

的杂交,它们的后代被称为"杂交牛"或"皮弗娄牛",其父亲是家牛,而母亲是野牛。雄野牛与雌家牛的幼崽肩膀太宽,使得母牛难以安全生产。

科迪(William Fredrick Cody)被叫做"野牛比尔",他是一名猎人、一名印第安战士和一位演员。14岁的时候,他看到一个广告,上面写着:招聘年龄不超过18岁、瘦长而结实的年轻人。必须是专业骑手,甘愿从事每天都有死亡危险的工作。孤儿优先。每周薪水25美元 他加入了这个快马邮递公司——西部传奇的邮政服务公司。

快马邮递公司只维持了19个月便被铁路取代了。1867年,科迪受雇于堪萨斯州太平洋铁路系统,工作是猎杀野牛,为那里的建筑工人提供肉食。就是在那里,他创下了令人震惊的纪录。

1883—1916年,科迪经营着"野性的西部演出秀"。这部演出非常受人

---

① 野牛比尔,原名科迪,美军陆军侦察兵,善于猎杀美洲野牛,因此获得了"野牛比尔"这个称号。
——译者

欢迎,在欧洲演出时,连维多利亚女王都前去观看。1917年科迪去世,尽管那个时候还在进行战争,英国国王、德国皇帝和美国总统威尔逊(Woodrow Wilson)还是送来了赞誉他的悼词。

尽管科迪在他的遗愿中说明了他想葬在怀俄明州的科迪市(他自己创建的)附近,但是他的妻子说科迪在临终前改信了天主教,要求将他葬在靠近丹佛的卢考特山。

1948年,美国军团科迪分支出价10 000美金,想要运回科迪的遗体,丹佛分支马上派人守卫科迪墓,直到墓穴的岩石中打入了更深的桩之后,才将守卫撤走。

直到1968年,这场争夺遗体的斗争才结束,丹佛的卢考特山和科迪的锡达山放出了交换遗体的烟雾信号,科迪的灵魂被一匹无人骑的白马象征性地从一座山送到另一座山。

你怎么称呼美国人

不要称他们为美利坚人(American)，这会惹恼加拿大人。

实际上如何称呼他们并没有一个统一的答案。在英国，"US(美国)"是作形容词用的，这种用法在媒体和政府中很普遍。西班牙语中，"americano"倾向于指代美洲各国的居民，而拉丁美洲所使用的英语也会有这种区分。在北美自由贸易协定(1994年)中，加拿大法语描述美利坚人的词语是"etatsunien"，西班牙语中是"estadounidense"。所以现在这样的英语用法是不得体的。"美国—美利坚人"更为合适，德国人就是这么用的。

一些人建议说(并不是所有的建议都是严肃认真的)，用一个特定的词语来描述"美国居民"，这些词语包括：Americanite, Colonican, Columbard, Columbian, Fredonian, Statesider, Uessian, United Statesian, United Statesman, USen, Vespuccino, Washingtonian,以及 Merkin——来自于美国人一词的发音方式。

"Yankee (美国佬)"可能来源于一个荷兰名字 Janke，意为"小简"或者"小约翰"。这个起源要追溯至 17 世纪 80 年代，那个时候荷兰还统治着纽约。在内战中，"yankee"仅仅指那些忠于联盟的人。今天，这个词语所携带的感情因素要少多了，当然除了棒球迷之外。尽管"Gringo"这个词不一定带有贬低的意思，但是它在拉丁美洲使用得很广泛，意为"美国居民"，尤其指居住在墨西哥的美国居民。人们认为这个词来自于西班牙语中的"griego"，意为"希腊"，之后便指代任何的外国人。

斯蒂芬：怎样称呼从美国来的人最合适？

约翰尼：叫他们胖子。

格雷姆：吃汉堡的猴子吗？

《海角乐园》① 中的主人公姓什么

我们不知道他姓什么,但可以肯定不是鲁滨逊(Robinson)。

怀斯(Johann David Wyss)是一位瑞士牧师和军队专职教士,他为了在长途跋涉的旅程中娱乐他的 4 个儿子而写下了最初的这些故事。其中的一个儿子,伊曼纽尔(Johann Emmanuel)给这些故事画了插图。许多年后,另一个儿子将这些故事编成了一本书,这个人便是鲁道夫(Johann Rudolf)(他当时已经因为给瑞士国歌作词而闻名)。《海角乐园》于 1812 年在德国出版。

一个瑞士家庭去澳大利亚,途中船只失事了,搁浅在东印度群岛,这个故事以父亲(在文中没有名字)的视角讲述这个家庭在此之后的冒险。受法国哲学家卢梭(Jean-Jacques Rousseau)的作品以及笛福(Daniel Defoe)的小说《鲁滨逊漂流记》(*Robinson Cruse*)的启发,怀斯想用这个故事为他的儿子们提供关于家庭价值观和自力更生的实践指导。

故事中的基本思想经久不衰,人们对原作中的思想作了很大的改动。《牛津儿童文学导读》(*The Oxford Companion to Children's Literature*)评论说:"随着其内容在过去两个世纪的扩张与收缩(这其中包括了长久的删改、浓缩、基督化以及迪士尼的影响),怀斯的原版故事被掩盖了。《海角乐园》这本书的主要特征是有很多不太可能的动物——企鹅、袋鼠、猴子,甚至鲸——它很轻易地就把这些动物一起放在热带岛屿上。"

至于对这个家庭姓名的困惑,对戈德温(William Godwin)来说并不是个问题。戈德温是玛丽·沃斯通克拉夫特(Mary Wollstonecraft)的丈夫,玛丽·雪莱(Mary Shelley)的父亲,是一位颇有影响力的社会哲学家。他和他的第二任妻子于 1814 年制作了《海角乐园》的第一个英文译本《鲁滨逊·克鲁

---

① 《海角乐园》是1960年迪士尼出品的经典电影。——译者

索一家》(*The Family Robinson Crusoe*)。

1818 年,由于某种原因,书名被改为《瑞士家庭鲁滨逊》(*The Swiss Family Robinson*)。故事中的详细情节包括人物的姓名和性别,以及潜在的道德含义,而书名与情节不同,它只涵盖了其中的一部分去经受时间的考验。

电影和电视剧对它进行了无止尽的改编,其中大约有 $\frac{1}{3}$ 的改编都毫不含糊地将这个瑞士家庭称为"鲁滨逊"。

阿拉斯加的诺姆城是如何得到这个名字的

a）笔误

b）为了招来好运："诺姆"是一种阿拉斯加小精灵；

c）以苏格兰探险家诺姆（Horace Nome）命名；

d）以因纽特的问候语命名："诺姆诺姆"意为"你属于这里"。

这是一个拼写错误。

19世纪50年代，一艘英国轮船发现阿拉斯加有一块陆地还没有名字。船上的一位官员就在一张地图上的相应位置潦草地写下一个单词"Name?"（"名字?"）。后来当这份地图在英国海军部印刷时，制图人员把"name"错看成了"nome"，因此在新的地图上出现了"诺姆角"。

1899年，诺姆镇的市民试图把他们的镇名改为"安维尔镇"，但是美国邮政局以会与附近的安维克镇搞混为由拒绝了，于是这个名字便搁置了。

正如诺姆镇的网站（http://www.nomealaska.org）上所提醒的："这个世界上没有哪个地方像诺姆。"

一张纸可以对折几次

每个人都知道是 7 次，因为大多数人都这么尝试过。但是在 2001 年 12 月，一个名叫加利文（Britney Gallivan）的 15 岁美国女学生证明大家是错的。以下是她的证据。

$$W=\pi t2^{(\frac{2}{3})(n-1)} \qquad 和 \qquad L=\frac{\pi t}{6}(2^n+4)(2^n-1),$$

W 是纸张的宽度，L 是长度，t 是厚度，n 是折叠的次数。第一个等式分析先朝一个方向对折纸张，然后朝另外一个方向对折的情况；第二个等式分析的是只朝一个方向对折纸张的情况。

纸张的可能对折次数取决于纸张的长度和厚度，因此你需要的纸要么很长很长，要么很薄很薄。

布兰妮将一张极薄的方形金箔纸（朝两个方向）折叠了 12 次，通过这个验证了她的第一个等式。然后她又拿来一张长达 1200 米的厕所用手纸，将其纵向折叠，先后以 9，10，11，12 次接连打破了世界纪录。

这对于普通的 A4 纸是行不通的。一张 A4 纸的折叠次数不会超过 5 次，因为在折叠之后其厚度会超过长度。一张 3 米长的厕所用手纸可以很容易对折 7 次，8 次，只是有可能，但仅仅用手是不可能做到的。美国电视节目《流言终结者》使用了其他的折叠方法，成功地将一张纸折叠了 11 次。但是在折叠 8 次后，他们需要借助工业压路机和叉式起重车的力量才得以成功。

如果一张纸的厚度在每次折叠后增加一倍，同时可以不加以限制地折叠有标准厚度的大型纸张，那么在折叠 51 次之后，你就会得到一座超过 1 亿英里高的纸塔，这个高度差不多是从地球到太阳的距离。

谁居住在冰屋里

也许再也没有人住在那里了。

"Igloo"(冰屋)这个词在因纽特语里是"房子"的意思。大部分冰屋都是用石头或者兽皮建造的。

雪块制成的冰屋是图勒人——因纽特人的先驱——生活方式的一部分,它们在近代还出现于加拿大的中部和东部。

只有部分加拿大的因纽特人用雪建造过冰屋。在阿拉斯加,没有人知道这种冰屋。根据20世纪20年代对格陵兰岛上的14 000个因纽特人的统计,只有300人曾经见过雪制冰屋。今天,已经没有什么圆顶雪屋存留下来了。

欧洲人发现的第一座冰屋是弗罗比舍(Martin Frobisher)于1576年在巴芬岛上见到的,那时他正在寻找西北航道。弗罗比舍被一名因纽特人射杀,而作为回击,他的同伴也杀死了几个因纽特人,并俘虏了一个将其带回伦敦。在伦敦,这个俘虏像动物一样被到处展览。

20世纪20年代,美国丹佛市的一份报纸报道,科罗拉多州在市政建筑边饲养有驯鹿的地方,盖起了一座圆顶雪屋,还雇用了一个因纽特人做导游,向参观者介绍,他和其他阿拉斯加放牧驯鹿的人在家乡就住在这样的雪屋里。事实上,除了在电影中,他从来没有看到过真正的雪屋。

相比之下,在格陵兰岛东北部的图勒,当地人则是建造雪屋的专家。他们用冰块建造巨大的礼堂,在漫长而又黑暗的冬日里,他们就经常在冰屋礼堂里跳舞、唱歌和进行摔跤比赛。

这个族群住得如此偏远,以至于直到19世纪初,他们还认为自己是世界上唯一的人类。

"爱斯基摩人"是侮辱性的词语吗

"爱斯基摩人"这个词语涵盖了不同的含义，未必像有些人说的那样是侮辱性的。

"爱斯基摩人"是形容那些居住在加拿大、阿拉斯加和格陵兰岛高纬度地方的人。这个名称是由克里和阿尔冈昆印第安人起的，它有好几重意思，包括"说另一种语言的人"、"来自其他国家的人"或者"吃生肉的人"。

在加拿大，官方正确的叫法是"因纽特人"。人们认为将别人形容为"爱斯基摩人"是粗鲁的，但是阿拉斯加爱斯基摩人却很喜欢这个称呼。实际上，因纽特人是主要居住在北加拿大和格陵兰岛部分地区的种族，阿拉斯加的爱斯基摩人严格来说并不是因纽特人。

把格陵兰岛的卡拉里尼人、西加拿大因纽特人和阿拉斯加的因纽皮特人、尤皮特人和尤皮里特人称为"因纽特人"，就如同把所有的黑人都称为"尼日利亚人"，或者把所有的白人都称为"德国人"一样。西南阿拉斯加和西伯利亚的尤皮克人甚至都不知道"因纽特人"这个词是什么意思。碰巧的是，"因纽特人"意为"人民"，而"尤皮克人"的意思更好一点，意为"真正的人"。

爱斯基摩—阿留申语系中的各种语言之间是息息相关的，但是它们和地球上其他的语言却没有关系。

因纽特语正在繁荣发展，北阿拉斯加、加拿大和格陵兰岛人都使用这种语言。在这几个地方，因纽特语已经成为了官方语言和学校使用的语言。因纽特语也被称为因纽皮埃克语或者伊努伊特语，它只有 3 个元音且没有形容词。因纽特语在美国被禁用了 70 年。

因纽特人买冰箱是为了使他们的食物不会变得太冰冷。如果他们需要数到 12 以上,就必须使用丹麦语。

他们互相问候时并不会"摩擦鼻子",大部分人对这一说法都感到很恼火。"库尼克"是指亲切地(而不是性感地)抽鼻子,主要用于母亲和婴儿之间。伴侣之间也会这么做。

在一些爱斯基摩语中,描述"接吻"和"闻"的词语是一样的。

1999 年,加拿大爱斯基摩人被赠予 $\frac{1}{5}$ 的加拿大(世界上第二大的国家)土地,作为他们自己的领土。纽纳武特是世界上最新建立的一个单一民族的国家。纽纳武特在因纽特语中意为"我们的土地"。

世界中所有的爱斯基摩人都可以把车停在洛杉矶国际机场中。在纽纳武特的首府伊魁特,使用电脑的人比加拿大其他任何镇的都多。伊魁特的自杀率也比北美的任何一个镇都高。

爱斯基摩人的平均身高为 1.62 米,平均寿命为 39 岁。

爱斯基摩语中有多少个描述雪的词语

不超过 4 个。据说，相比只有一个描述雪的词的英语，爱斯基摩语中形容雪的词语有 50 100 个，其实并非如此。首先，在不同的情况下英语中描述雪的词语不止一个（如 ice，slush，crust，sleet，hail，snowflakes，powder，等等）。

其次，爱斯基摩人只承认两个等同雪的词语。似乎爱斯基摩语中描述雪的词根，总共不超过 4 个。

爱斯基摩—阿留申语系属于粘着语，在爱斯基摩—阿留申语中，"单词"这个词本身实际上是没有意思的。形容词和动词被成串地加在基础词条后面，导致很多"词丛"更像是句子。在因纽皮亚克语中，tikit-qaag-mina-it-ni-ga-a 逐字翻译意思是"他说他不可能第一个到了"。

基础词干的数量相对较少，但修饰词干的方法却有无限多。因纽特语有 400 多个词缀（加在词尾或中间），但却只有一个前缀。因而，因纽特语中有很多"派生词"，如同英语中的"anti-dis-establish-ment-arian-ism"。

有时，这些词语在英语中是很简单的概念，而在因纽特语中则像是英语的复杂译文。Nalunaar-asuar-ta-at 是 19 世纪 80 年代为描述"电报"而创造出来的格陵兰语，意为"一个人习惯性地匆忙地与人交流"。

如果你要找区分爱斯基摩—阿留申语的词，那应该就是指示代词。

英语只有 4 个指示代词（this，that，these，those），而在爱斯基摩—阿留申语，尤其是因纽皮亚克语或尤皮克语和阿留申语中，则有 30 多个这样的词语。而且每个意为"这个"和"那个"的词语又可以用于 8 种情况。仅仅这样一个指示代词就有很多描述距离、方向、高度、能见度和环境的表达方式。

比如在阿留申语中，"hakan"意为"在那高处的东西"，"qakun"意为"在那里的东西"，"uman"意为"看不见的东西"。

人类是从什么进化而来的

不是从现代猿类,当然也不是从猴子进化而来的。

现代人和现代猿类都是从同一个祖先进化而来,尽管这个令人难以捉摸的家伙至今还没有被我们找到,它生活在距今 500 多万年前的上新世。

这个祖先是外貌类似松鼠的树鼩的后代,而树鼩又是由豪猪进化来的,在豪猪前面则是海星。

人类和我们的近亲黑猩猩的染色体组的最新比较结果表明,两者分离的时间要比我们之前想象的要晚得多。这意味着在 540 万年前最后一次分离之前,人类很有可能异种交配产生了杂交物种,这个物种没有被记载,现在也已经灭绝了。

古尔德(Stephen Jay Gould)曾经评论说,现代人是繁茂的人类进化树上最近长出的一枝非洲分支。尽管没有证据能够完全排除人类在其他地方进化的可能性,但是"人类是从非洲走出来的"这条理论似乎最可信。

基因证据显示,离印度不远的安达曼群岛上的居民是非洲之外最早的人类。他们与世隔绝了 6 万年——甚至比澳大利亚原住民还久。

如今世界上只剩下不到 400 个安达曼人,其中的一半人属于两个部落:贾拉瓦和桑廷里斯。这两个部落与外界几乎没有任何联系。桑廷里斯约有 100 人,他们的生活与世隔绝,没有任何外人研究过他们的语言。其他安达曼语没有已知的相关语系。它们有 5 个数字:"一"、"二"、"再多一个"、"再多一些"和"全部"。另一方面,他们有 12 个单词来描述水果成熟的不同阶段,其中的 2 个无法译成英语。

安达曼人是世界上仅有的两个不会取火的部落群体之一(另一个是中非的俾格来人部落)。然而,他们用陶土器皿储存和运输炭块以及熏烧木材的方法却很精巧复杂。这些炭块在千余年中都维持着燃着状态,它们有可能受雷击点燃。

尽管我们会觉得很奇怪,但是他们对上帝的敬畏与我们的很相似。他们最高的神叫普鲁嘎,他是无形而又永恒的,他是不死之身、无所不知,是除了恶魔之外万物的缔造者。他因人的罪孽而愤怒,给予那些在痛苦中的人们以慰藉。为了惩戒人们的过错,他带来了汹涌的洪水。

2004 年,一场海啸强力袭击了安达曼,但是就我们所知,那几个古老的部落却没有受到伤害。

比尔:那么土豆呢,土豆的前身是什么?难道是……是……鹰嘴豆?

邦德最喜欢的是什么酒

邦德(James Bond)的最爱并非伏特加马提尼酒。

网站 www.atomicmartinis.com 进行了一项艰苦的研究,它检索了弗莱明(Fleming)的全部作品,结果显示,邦德平均每 7 页就品尝一种酒。

小说中,邦德总共有 317 次饮酒记录。他最喜欢烈酒,特别是年份久的威士忌,他总共喝了 101 次,其中 58 次是波旁威士忌酒,38 次是苏格兰威士忌酒。他也喜欢香槟(30 杯),在一本书中。《你只活两次》(*You Only Live Twice*)中,作者把大部分场景设定在日本,在那里,邦德还品尝过日本米酒。邦德很喜欢米酒,共喝过 35 次。

与大家想象的不同,邦德只喝过 19 次伏特加马提尼酒,他品尝杜松子马提尼酒的次数与这差不多,共 16 次,其中大多数是别人请客。

在《钻石是永恒的》(*Diamonds are Forever*)中,第一次出现了"摇晃,不要搅动"的名言。但是,直到《No 博士》(*Dr No*),邦德才第一次说出这句话。康纳利(Sean Connery)是第一位说这句话的银幕邦德,在影片《金手指》(*Goldfinger*),他说出了"摇晃,不要搅动"的名言。之后,许多影片中都使用了这句台词。2005 年,美国电影协会把它列入了有史以来第 90 句最经典的银幕用语。

第一本邦德小说《皇家赌场》(*Casino Royale*)中,有邦德的私人马提尼酒配方:"3 份古登琴酒,1 份伏特加,半份基那·利莱开胃酒,充分摇匀直至完全冷却,然后再搁一大片薄柠檬"。

邦德仅喝过一次杜松子和伏特加的混合酒。他根据小说中的双重间谍和情人林德(Vesper Lynd)的名字,将酒命名为"维斯帕"。后者也是所有书中喝酒最多的女孩。

为什么邦德坚持要"摇晃"马提尼酒?严格地说,摇晃过的杜松子马提尼酒就是"布拉德福"。纯粹主义者不赞成这样做,因为摇晃引入空气会氧化或削弱杜松子酒中的香味。伏特加则不存在这样的问题,摇晃会使酒更加冰冷和刺激。

弗莱明自己很喜欢晃动马提尼酒,常把它与杜松子酒混合起来饮用。在生命的最后一段时间,他遵照医嘱,用波旁威士忌酒代替了杜松子酒。弗莱明对笔下英雄邦德的描述正是来自他个人的爱好选择。弗莱明和邦德都是知道自己喜欢什么的人。

人脱水时不能喝什么

酒是一种很好的选择,茶和咖啡也不错。

说实话任何液体都有助于我们补充水分,但海水除外。

没有科学依据能证明,脱水是由水分缺失而不是体液缺失引起的。咖啡因作为一种利尿剂,确实会引发水分的排出。但这仅是你饮用咖啡后所摄入水分的一小部分。茶水、咖啡、南瓜汁和儿童装牛奶都是补充体液的良好饮品。

阿伯丁大学医学院的人体生理学教授莫恩(Ron Maughan)曾研究过酒精的功效。认为酒精是另一种利尿剂,结果发现:如果适量饮用,它对于常人的体液平衡几乎没有影响。

他将研究成果发表在了《应用生理学》(*Journal of Applied Physiology*)杂志上,并进一步指出,如果饮用酒精浓度低于4%的酒,例如淡啤酒和贮藏啤酒,可有利于减缓脱水反应。

另一方面,海水却是一种催吐剂。因此,如果你喝下海水,将引发呕吐,导致细胞间液浓度增大,细胞内的水分将通过渗透作用进入细胞间隙中稀释细胞间液,从而导致细胞失水。

细胞失水严重时,会产生肌肉痉挛、大脑功能障碍、肝功能衰竭,以及肾衰竭等症状。

斯蒂芬:那么,你脱水时不能喝什么呢?

杰米:Jacob牌的饼干。

哪一种咖啡因含量更高，一杯茶还是一杯咖啡

一杯咖啡的咖啡因含量会更高。

同等分量的干茶叶和咖啡豆相比，干茶叶要含有更多的咖啡因。但一杯普通的咖啡，其咖啡因含量却是一杯普通茶水的3倍，原因在于炮制这样一杯咖啡需要更多的咖啡豆。

咖啡和茶水中咖啡因的含量取决于多种因素。冲泡的水温越高，从咖啡豆和茶叶中释放出来的咖啡因就越多，因此用蒸汽加压煮出的意式浓缩咖啡要比常压下煮出的咖啡的咖啡因含量更高，而滴出来的咖啡其咖啡因含量要高于冲泡的咖啡。水和咖啡豆、茶叶接触的时间越长，咖啡因的释放量也越高。

咖啡豆和茶叶的品种也至关重要，产地、咖啡豆烘培方法、茶叶的采摘部分也具有重要影响。

咖啡豆烘烤的颜色越黑，咖啡因的含量就越低。就茶叶来说，茶叶嫩芽部分的咖啡因含量要比下面大叶子的咖啡因含量高得多。

矛盾的是，30毫升意式浓缩咖啡的咖啡因含量竟然和150毫升金字塔顶尖茶（英国名茶）中的咖啡因含量差不多。这样算的话，一杯卡布奇诺咖啡或一杯拿铁咖啡中咖啡因的含量，比一杯茶水的含量也多不了多少。另一方面，一杯速溶咖啡的咖啡因的含量只是滴滤式咖啡的一半。

佳发饼①的美味果馅是用什么水果做的

佳发饼的果馅是用杏子做的。

英国最受欢迎的饼干中排名第 8 的佳发饼(Jaffa Cakes)里用的"橙子酱",其实际成分是杏子浆、糖和少量的柑橘油。这种说法首先出现在 2002 年 9 月的《英国每日电讯报》(*Daily Telegraph*)上。

(如果这不是事实,也许 Mc Vitie's 公司会派人来和我们联系并纠正我们的这个严重错误。我们顺带着也注意到,就连该公司的广告也把这种果馅说成是"极其美味的橙子果粒"的馅料,严格来说这不表示里面真的有橙子果实。)

一个体重 70 千克的男子要想消耗掉从一包佳发饼所摄取的 809 卡的热量,需要像足球运动员一样踢满整整 90 分钟的一场比赛。佳发饼每年的销售量为 7.5 亿个,销售额为 2500 万英镑。将这些饼排队连在一起,长度可以从伦敦到澳大利亚打一个来回。

1991 年,Mc Vitie's 公司赢得了一场意义重大的官司(英国联合饼干集团对英国关税和消费税局官员之间的官司),从而证明佳发饼事实上是糕点而不是饼干。

此举的目的是为了回避缴纳增值税,按照英国关税和消费税局的规定,糕点和饼干不缴地方税,其中不包括巧克力饼干,因为巧克力饼干属于奢侈品需要缴税。Mc Vitie's 公司必须证明佳发饼其实是巧克力糕点,而不是巧克力饼干。

佳发饼经过长期存放后证据出现了:如同其他糕点一样,佳发饼变得坚

---

① 由英国著名的食品公司Mc Vitie'szhizao制造的一种饼干状的蛋糕,内有果冻,表面涂有巧克力。
——译者

硬,如果是饼干则会变得松软。

Mc Vitie's 公司是世界第三大饼干制造商，其母公司是联合饼干公司。联合饼干公司的母公司是纳贝斯克公司。公司的控股人是排名紧跟雀巢公司之后的世界第二大食品公司卡夫食品公司(拥有 98 000 名雇员)，卡夫食品公司 2004 年的销售额为 320 亿美元。

卡夫公司拥有高特利公司 80%的股权，其前身是世界最大的烟草商莫里斯集团。

消化饼干能帮助消化吗

不是很明显。

消化饼干是由爱丁堡 Mc Vitie's 公司的一名年轻雇员格兰特(Alexander Grant)于 1892 年开发的品种。

由于大量使用了小苏打和棕色粗面,它们的广告宣传语是"帮助消化"(只是种减少其气味的委婉说辞)。因为没有经过科学的证明,在美国被判定用这种名字进行销售是非法的。它在美国的名字是全麦饼干。

Mc Vitie's 公司的传统消化饼现在在英国还是第九大饼干品牌,每年的销售额是 2000 万英镑。

作为 Mc Vitie's 公司最畅销的以及全英第二大饼干品牌,巧克力消化饼出现在 1925 年。奇巧①保持着英国最大的同行业品牌地位。

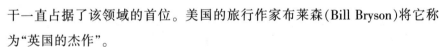

巧克力消化饼每年的销量为 7100 万袋或每秒 52 块,年销售额 3500 万英镑以上。除去近些年有争议的薄荷、橘子和焦糖新口味,巧克力消化饼干一直占据了该领域的首位。美国的旅行作家布莱森(Bill Bryson)将它称为"英国的杰作"。

饼干是最古老的食品之一。在瑞士发现了 6000 年前的饼干。古埃及人曾食用这种饼干,公元 2 世纪的古罗马也曾烘培制作饼干。

法语中饼干的意思是"烹饪两次",而其英语名字则直接来自拉丁词组"biscoctum panem"——"烤过两次的面包"。直到 18 世纪中叶才准确地出

---

① 奇巧巧克力是英国最受欢迎的条形巧克力。每一块中有 2 条到 4 条的脆薄饼,用巧克力包住。现由雀巢公司生产。——译者

现"bisket"的拼写。

通过法语来拼写"biscuit"（除去法语发音），不仅毫无意义，而且还是错误的。在法语中"un biscuit"不是一种饼干而是一种蛋糕——海绵蛋糕，英语里的"饼干"应该写作"un biscuit sec"。

在北美饼干更像烤饼。美国人用"britons"来称呼饼干：不是曲奇也不是薄饼。美式英语"曲奇"是荷兰语"koekje"的演化，含义是蛋糕糕点。

制作饼干需要多次烘焙，比做面包费时，但绝大多数不超过两次。事实上没有多少饼干被烘焙超过两次。参考约翰逊（Johnson）博士的《字典》（*Dictionary*）所言，用于远距离航海的饼干往往要烘上4次。

阿瑟：这是一种非常，非常难咀嚼的饼干。但你有没有注意到，消化饼有一点腥味？

斯蒂芬：有吗？你把它浸在什么里面了？天哪！

什么有价值的产物使美国合法占有了别国的领土

不是石油,是鸟屎。19 世纪 50 年代,美国的农民们因土地贫瘠而感到绝望,过度开垦土地上的小麦、棉花和烟草的产量递减。

鸟粪富含氮和磷,是众所周知的上佳肥料。"guano",盖丘亚印第安语的意思是海鸟粪。19 世纪早期在秘鲁沿岸发现的一个大型鸟粪堆,帮助秘鲁政府获得了大笔的收益。美国国会于 1856 年通过了一项"海鸟粪(古阿诺)岛行动",这个法案准许任何一个美国公民在主权不明确的充满鸟粪的岛上插上美国的星条旗,连圣诞节和中途岛海战时,这个行动一直都未停歇。

鸟粪资源最丰富的小岛之一是海地附近的那瓦沙岛,岛上除了巨蜥、山羊和矮种马外其他生物无法居住,19 世纪后半叶它属于那瓦沙磷肥公司。1899 年,由于过度恶劣的工作环境,4 名白人监管员在黑人矿工们的暴动中被杀。这起可耻的劳工案引发了崇尚自由的美国人的愤怒。有西方史学家批判"那瓦沙小王国事件",揭开了现代劳工运动的序幕。海地仍然拥有该岛的合法主权——这是美国最后一个有外国宣称领土权的领地。

秘鲁的鸟粪资源归功于成千上万生活在秘鲁沿岸漫长浅滩中的鳀鱼,按重量计,它也是世界上最大的鱼类资源。这里的鳀鱼养育了地球上最庞大的鸟类族群:近 1000 万只鲣鸟、鸬鹚、海鸥和企鹅等。它们排出的鸟粪被印加人誉为与黄金等价,数量足够将骚扰鸟儿的外来者活活淹死。

19 世纪 60 年代,鸟粪的收益占到秘鲁政府收入的 75%。在美国"古阿诺岛行动"通过的同时,秘鲁总统卡斯蒂拉(Rámon Castila)曾不止两次地提及皮尔斯(Franklin Pierce)是他的头号美国敌人。

虽然古拉诺行动早已结束,鳀鱼还是秘鲁最大的出口品,其中大部分被卖去中国饲养鸡禽。秘鲁人自己却很少吃鳀鱼,他们一直相信鳀鱼有毒。

原木屋是在哪里被发明的

很可能是在 4000 年前的斯堪的纳维亚半岛①上。

青铜器时代诞生的金属工具使得当地人能做到这点。这种建筑易建、耐久而且保温，在整个北欧非常普遍。

古希腊人也有资格说这是他们发明的。尽管古代的针叶林现已经从地中海地区消失了，但是有一种观点认为，米诺斯人和迈锡尼人的中央大厅原来就是用横置的松树原木搭建而成的。

17 世纪 30 年代，当瑞典人和芬兰人移民到美国的特拉华州定居时，原木屋也被引进到了美国。而英国移民建造的木屋用的是木板，不是原木。

肯塔基州霍金维尔的一家博物馆与有荣焉地展示了林肯（Abraham Lincoln）出生的那个著名原木屋，尽管事实上，这座木屋是在他死后 30 年才建造的。这简直太像过去学校男生们所吟诵的可笑歌谣了："林肯出生在木屋，木屋是他亲手筑。"

尽管这个赝品令人感到滑稽可笑，但是美国国家公园服务处却仍严肃地告知游客禁止使用闪光灯拍照，以免对这些具有历史意义的原木造成损害。

---

① 欧洲北部地区，通常认为包括挪威、瑞典和丹麦。有时也泛指包括芬兰和冰岛在内的地区。——译者

人们如何称呼赢得了黑斯廷斯战役的人

　　称呼有很多,也不是所有的称呼都是善意的,但决不会有人叫他"威廉"(William)。

　　"威廉"是英国人的发明,也是诺曼征服后没有预料到的结果之一。这是诺曼法语和盎格鲁—撒克逊语碰撞的产物,诺曼法语中没有"W",而盎格鲁—撒克逊语中有"W"却没有等同的名字。征服者的法国同伴叫他"纪尧姆"(Guillaume),用拉丁语写是 "Guillelmus"(这也出现在他卡昂的墓碑上)。英语的折中办法——他们必须要称呼新老板点什么——就是将他名字的首字母取德语中的"W"——"Willeln"。10 年后我们可以在贝叶挂毯①上看到这个小小的新名字(只将"W"调换进去)。

　　令人惊奇的是,之后的至少 50 年里,始于 1066 年的"威廉(William)"这个名字却变成了英格兰最流行的男孩名。到了 1230 年,7 个英国人中就有 1 个叫威廉。英格兰排名前 14 的常用名字都是诺曼人名,而且诺曼人名占了所有名字的 $\frac{3}{4}$。

　　除了粗暴地掠夺了北方,诺曼人驱逐或杀死了几乎所有的撒克逊统治阶层,被称为"诺曼枷锁",英国人看来很喜欢将自己和压迫者识别开。所以,消失的人名埃尔夫万(Aelfwine)、伊尔坎贝特(Earconbert)、亨吉斯特(Hengist)、桑德海姆(Sevidhelm)、伊芙(Yffi),和新出现的人名约翰(John)、雨果(Hugo)、理查德(Richard)和罗伯特(Robert),都要感谢诺曼人……

　　虽然诺曼征服是非法的,根据巴塔德(Guillaume le Bâtard)在法国的昵

----

① 也被称作巴约挂毯或玛蒂尔德女王挂毯,创作于 11 世纪。出现有 1000 多个生物,约 2000 个拉丁文字。描述了整个黑斯廷斯战役的前后过程。史载是为纪念巴约圣母大教堂建成所织。——译者

称,撒克逊人当然不会用英语叫他混账(英语中的"bastard"和他的名字发音相近)。他们可能会叫他"cifesboren"或"bornungsunu",大意都是"娼妇生的"。

直到 20 世纪 50 年代,威廉都是英国十大常用男孩名之一,逐渐减少后又于 2004 年开始崛起,这也可能归功于威廉王子的大受欢迎。看来和王室相关的东西还真是起到作用的。2007 年威廉这个名字排名第 7 而哈里排名第 5(但是查尔斯掉到了 52 位,菲利普这个名字排在 270 位)。

托尼(Tony)和戈登(Gordon)都没有进前 100 名,大卫(David)最近排在 64 位。不过"威廉"最大的竞争对手还是名次爬升最快的"乔丹"——2006 年它还在 68 位,到 2007 年升至 32 位。那时有 2584 个新"乔丹"诞生,似乎是受到了 2006 年"小甜甜"布莱妮(Britney Spears)产下的小儿子名字的影响。

巴拿马帽源自何处

它源自厄瓜多尔。

这种帽子于 19 世纪初首次出现在欧洲和北美地区,之所以被称作"巴拿马帽",是因为帽子是通过驻扎在巴拿马的船主出口而来的。

在英格兰,巴拿马帽被皇室成员选为完美的夏天头饰,且很快成为体育运动和室外社交时不可或缺的装饰物。当维多利亚(Vitoria)女王于 1901 年驾崩时,人们在帽子上加上了黑色饰带以表示对她的尊敬。

在美洲地区,对于挖掘巴拿马运河的工人们来说,这种帽子就是标志物。罗斯福总统 1906 年访问巴拿马地区时,有一张戴着巴拿马帽的照片,巴拿马帽从此名声大振。

这种帽子有着非常悠久的历史,人们曾在厄瓜多尔沿海发现了戴有奇特头饰的陶俑,而且时间可追溯到公元前 4000 年。有考古学家认为,用于制作巴拿马帽的编织技术是在与太平洋上的波利尼西亚人接触后学来的。波利尼西亚人当时的亚麻编织技术炉火纯青。最早来到这里的西班牙人对这种半透明质的材料感到非常震惊,甚至认为这是吸血鬼的皮肤。

现代式巴拿马帽的历史可以追溯到公元 16 世纪,是用 3 米高的棕榈树的纤维编织而成,其主要生产地是昆卡镇,不过质量最好的却来自蒙特克里斯蒂镇和比比利安镇。

制作一顶巴拿马帽需要耗费的时间相差极大。编织的草每月只有 5 天的收割时间,是在月亮的下弦时分。这时的棕榈纤维含水量少,编织起来既轻巧又容易。一个经验丰富的编织工可以提炼出像丝绸一样华美的草纤维。低等级的帽子几个小时里就可以做一顶,而最顶级的巴拿马帽的做工时间可能需要 5 个月,售价可高达 1000 英镑。

1985年,康仁基金会在英国维多利亚阿尔伯特博物馆的一次展览会上提名巴拿马帽为"100种最佳设计"之一。

"厄瓜多尔"是根据西班牙语"赤道"一词而来的。除了精美的帽子,厄瓜多尔还是世界上第一大香蕉出口国,也是用于制作飞机模型的轻木的出口大国。

你能说出一个爱尔兰圣徒的名字吗

圣帕特里克(St Patrick)是爱尔兰的圣徒和守护者,但他既不出生在爱尔兰,也不是爱尔兰人。

他是英国人,来自英国的西北部。传统上将他的出生地定为班纳文——在很长时间里它被认为是塞文或彭柏里附近一个不为人知的小镇,现在也有说法说它是萨默斯特的班维尔村落。

帕特里克在还是青少年时就被诱拐到爱尔兰做了奴隶。6年后他逃到了欧洲大陆并在那里成为了一名僧侣。最后跟随一个梦境的指示,他回到爱尔兰传播基督教。

不过爱尔兰并不缺少本土诞生的圣人。

圣布伦丹(St Brendan)来自凯里郡,出生在特拉利附近,512年被任命为牧师,他被认为在哥伦布之前已经到达过许多美洲国家。

圣克伦巴(St Columba)出身于爱尔兰贵族。在爱尔兰游历多年后,成立了寺院,42岁时定居在艾奥纳(他在那里使皮克特人转信为基督教徒)。

圣凯文(St Kevin)同样也有爱尔兰贵族双亲,注定成为神职人员,他后来成了一名隐士。著名的事迹是曾有一只黑鸟在他伸开的手中下蛋,直到小鸟孵化他的动作都一直保持十分完美。

圣马拉奇(St Malachy)被任命为北爱尔兰班戈的修道院长,在30岁时成为康纳的主教,最后在1669年荣任爱尔兰首席阿尔玛大主教。传说他曾经预见了所有的教皇,如果他的预言是正确的话,现任教皇班尼迪特十六世(Benedict XⅥ)会是最后的一个教皇。

圣普朗凯特(St Oliver Plunket)出生于米斯郡,他在罗马耶稣会接受教育,并在1669年被任命为全爱尔兰地区的阿尔玛大主教。1678年,一个英国同谋者欧茨(Titus Oates)诬指他阴谋暗杀查理二世①。普朗凯特被判叛国罪并在泰伯恩刑场被绞杀,仁慈地死在被分尸前。

圣布里奇特(St Bridget),她主持了基尔代尔第一个爱尔兰女性团体,被记载的神迹是在拜访牧师的时候将自己的洗澡水转化成了啤酒。

斯蒂芬:圣布里奇特,你知道她的神迹是什么吗?她可以把自己的洗澡水转化成啤酒,一个极爱尔兰式的神迹。

达拉:事实上我们在爱尔兰读小学的时候没有学过……这个……

① 1678年著名的英国天主教阴谋叛逆案是捏造的,欧茨与狂热的反天主教徒合谋诬陷耶稣会人士,使35人被处决,但很快因前后矛盾暴露。——译者

威灵顿公爵①的国籍是哪里

爱尔兰。

尽管是英格兰历史上最伟大的将领之一，威灵顿公爵一世韦斯利(Authur Wellesley)确实是爱尔兰人。

1769年，威灵顿公爵出生于都柏林的韦斯利家族，家族所在地是丹根堡，临近米斯郡的特里姆。后来，威灵顿公爵与爱尔兰最有名的朗福(Longfords)家族联姻，1790年，他进入了爱尔兰议会工作。

这里还有一个证据可以证明他的国籍。1792年8月，爱尔兰举办了历史上第一次有文献记录的板球比赛，威灵顿公爵选择代表全爱尔兰队参赛，他们的对手是一支来自都柏林的英国地方驻军。威灵顿公爵在他上场的2局中，精彩性地完成了6次得分。

威灵顿公爵的祖父名叫科利(Richard Colley)，是莫宁顿男爵一世。据说，他从远房亲戚那里继承了韦斯利这个姓。虽然，科利家族在爱尔兰已经有几百年历史了，但是韦斯利家族更加富有，据称他们的先祖到达爱尔兰时，是亨利二世的掌旗官。1798年，威灵顿公爵和他的家族把姓改为了韦斯利，因为这听起来更加荣耀。

关于威灵顿公爵的国籍，在他生前已经引起广泛争议。一直传言，他拒绝把自己与爱尔兰联系在一起，理由是他曾经说过："一个人可以出生在马厩中，但他不会是动物。"然而，没有证据证明他曾经说过这句话，这一说法更像来自宫廷的恶语中伤。

威灵顿公爵一直以自己是爱尔兰人而感到骄傲，就像爱尔兰以他为荣

---

① 威灵顿公爵(1769—1852)，英格兰历史上最伟大的将领之一，在滑铁卢战役中击败了拿破仑。1814年，获得威灵顿公爵的封号。——译者

一样。为了纪念他的功绩,菲尼克斯公园中矗立着一座 62.5 米高的纪念碑。

　　说到威灵顿公爵,还有一条误传的名言是:"滑铁卢战役是在伊顿公学的运动场上打赢的"。这是在公爵去世 4 年后,天主教在宣传资料中附加上去的,始作俑者是法国历史学家德蒙塔勒姆贝特(Count de Montalembert)。

　　需要说明的是,威林顿公爵在伊顿公学上学的时间很短,而且并不出色。那时,学校中并没有运动场,在他小学记录上写着他缺乏运动的热情和天赋。

谁首先创立了一便士邮资制

　　以前听到这个问题时，每个学生都会举起手来，异口同声地回答："老师，是希尔(Rowland Hill)在 1840 年发明的！"现在则不同了。

　　这也没什么糟糕的，只是那些聪明的孩子说错了。早在 240 年前，多克拉(William Dockwra)就创立了伦敦的便士邮局，该邮局经营一磅和一磅以下重量的邮包，每天递送几次。如果再加上一便士，还可以将邮件送到伦敦 16 千米之内的地方。1683 年，多克拉被迫将自己的企业转让给政府经营的邮政总局。邮政总局是当时的约克(York)公爵也就是后来的国王詹姆斯二世(King James Ⅱ)所控制的垄断企业。

　　1764 年，英国议会授权各个市镇建立便士邮局。到 19 世纪初时，已经出现了好几个。1840 年，希尔(Rowland Hill)在英国全境内建立了统一的便士邮局，紧接着邮资可以提前支付，使用的是背面涂有胶水的邮票，叫做"黑便士邮票"。1898 年，帝国便士邮局在大英帝国国境内提高了邮费。

　　对于是谁开辟了第一个真正的邮政服务项目，世界上有好几个人选。早在公元前 2400 年，埃及的法老就建立了有组织的信使制度。大约在公元前 2000 年，亚述帝国发明了信封，信封和信纸都是用陶制作的。波斯帝国的开创者居鲁士大帝(Cyrus the Great)创建的快速信使体系得到了希罗多德(Herodotus)的高度赞誉。孔子曾写道："德之流行速于置邮而任命。"因此可推断中国当时也有了类似的邮递体系。

　　"邮局"一词来自拉丁语"放置"。罗马的邮政服务分为两个等级：第一级用快马递送，第二级用牛车递送。而"邮件"一词则来自古代法语，意思是包裹。

　　1840 年，邮政大臣利希菲尔德(Lichfield)爵士曾批评希尔的计划是"狂妄的、不切实际的",但希尔的计划却立即得到了很好的反响,尤其受到了维多利亚女王的赞许。她非常满意黑便士邮票上自己的侧面头像,随即下令在之后的 60 年中所有发行的邮票上都要使用这个侧面头像。

第一个集邮爱好者是在第一枚邮票发行之后一年内出现的:一位年轻女性为了收集足够的邮票来贴满她卧室的墙壁,在英国《泰晤士报》上刊登了一则广告。因为英国是第一个发行邮票的国家,所以英国发行的邮票最显著的特点就是没有发行国的名字。

什么是QI

QI代表"非常有趣",我们自己不说"非常正确"。

关于这些问题如果你有更好的回答,或者你自己能提供什么新的问题,我们会洗耳恭听。

你可以登陆http://www.qi.com/books,或者来到牛津市"bar/bookshop in the QI Building, 16 Turl St, Oxford"我们的办公地点。

本书是许多努力了解我们周围世界的人辛勤劳动的结晶,但是主要还是归功于QI研究团队。这一群人好奇心极强,做事情不厌其烦,而且是具有提出高难问题的天才。我们尤其要感谢弗莱彻(Picrs Hetcher)、盖纳(Justin Gayner)、格雷(Chris Gray)、哈金(James Harkin)、科沃德(Mat Couard)、波拉德(Justin Pollard)、奥尔德(Garrick Alder)、奥德菲尔德(Molly Oldfield)和施赖伯(Dan Schreiber)。这些人组成了全世界最好的研究团队。

我们还要向费伯—费伯出版社(Faber & Faber)①的卢斯(Julian Loose)、佩奇(Stephen Page)及其同事们的敬业精神和高品位表示敬意;向我们的合作伙伴查洛纳(Sarah Chaloner)、盖伊(Beatrice Gay)、Talkback Thames制片公司表示敬意;还要向英国BBC电视台的弗里兰(Mark Freeland)和芬彻姆(Peter Fincham)坚定的信念和敬业精神表示敬意。

勒卡雷(John le Carré)曾经抱怨,把一本书拍成电影就像"看见你的牛变成了无数的小肉丁"。鉴于这一点,我们需要感谢的人还有数百位科学家、哲学家、历史学家、发明家、圣人和幻想家,正是以他们的原作为原料,经过我们料理、烹煮和浇汁才成为大家手中这一本"十分有趣"的书。

---

① 费伯–费伯出版社,以出版文学书而著名的英国出版社。

策　　划　侯慧菊　王世平

责任编辑　李　凌

装帧设计　杨　静

"让你大吃一惊的科学"系列丛书

啃铅笔头会铅中毒吗

　　——136个人们普遍忽略的问题

【英】约翰·劳埃德(John Llyord)　【英】约翰·米钦森(John Mitchinson)　著

陈　杰　周　云　夏浙新　许俊宇　译

出版发行　上海科技教育出版社有限公司

　　　　　（上海市闵行区号景路159弄A座8楼　邮政编码201101）

网　　址　www.sste.com　www.ewen.co

经　　销　全国新华书店

印　　刷　天津旭丰源印刷有限公司

开　　本　720×1000　1/16

字　　数　225 000

印　　张　16

版　　次　2013年8月第1版

印　　次　2022年6月第3次印刷

书　　号　ISBN 978-7-5428-5697-5/N·874

图　　字　09-2011-769号

定　　价　58.00元